国家社科基金艺术学项目"海丝沿线中国吉祥图像的传播和认同研究"（项目编号：23BG117）

福建省社会科学规划项目"中国服饰文化在海丝沿线的历史传承及当下数字传播的策略研究"（项目编号：FJ2019B130）

袁

著 燕

# 美美与共

## 海上丝路之土生华人

## 『峇峇、娘惹』族群服饰研究

人民美术出版社

北京

图书在版编目（CIP）数据

美美与共：海上丝路之土生华人"峇峇、娘惹"族
群服饰研究 / 袁燕著. -- 北京：人民美术出版社，
2024.8
（艺术影响世界）
ISBN 978-7-102-09339-0

Ⅰ. ①美… Ⅱ. ①袁… Ⅲ. ①华人－民族服饰－研究
－东南亚 Ⅳ. ①TS941.743.33

中国国家版本馆 CIP 数据核字 (2024) 第 087466 号

# 美美与共：
# 海上丝路之土生华人"峇峇、娘惹"族群服饰研究
MEI MEI YU GONG: HAISHANG SILU ZHI TUSHENG HUAREN "BABA、NIANGRE" ZUQUN FUSHI YANJIU

| | |
|---|---|
| 编辑出版 | 人民美术出版社 |
| | （北京市朝阳区东三环南路甲3号　邮编：100022） |
| | http://www.renmei.com.cn |
| | 发行部：　（010）67517799 |
| | 网购部：　（010）67517743 |
| 著　　者 | 袁　燕 |
| 责任编辑 | 胡　姣 |
| 封面设计 | 翟英东 |
| 责任校对 | 卢　莹 |
| 责任印制 | 胡雨竹 |
| 制　　版 | 朝花制版中心 |
| 印　　刷 | 雅迪云印（天津）科技有限公司 |
| 经　　销 | 全国新华书店 |

开　本：787mm×1092mm　1/16

印　张：15.25

字　数：240千

版　次：2024年8月　第1版

印　次：2024年8月　第1次印刷

印　数：0001—2000

ISBN 978-7-102-09339-0

定　价：89.00元

如有印装质量问题影响阅读，请与我社联系调换。（010）67517850

# 出版说明

人类文明的发展，离不开不同文明之间的交流与互鉴，习近平总书记指出："文明因交流而多彩，文明因互鉴而丰富。"中华文化一方面吸收外来文化的精华以滋补本民族的文化血脉；另一方面，在与域外他国文化系统的交流中，也闪耀着中华文明独有的艺术之光，对人类文明的发展做出了自己独有的贡献。今天，在全球化的进程中，科技、贸易的壁垒并不能阻挡不同地域间人文精神的交流与互鉴。

在艺术史研究领域，理论探讨越来越具有跨学科、跨地域、跨种族的特点，艺术研究的边界不断拓宽、学科不断交叉。中国艺术史学者的研究视角、提出的问题得到越来越广泛的关注，愈发具有世界性，引起全球汉学界和艺术学界的广泛关注。"艺术影响世界"丛书策划的初心，是编辑出版一批能反映我国优秀传统文化艺术对其他国家艺术和生活产生影响的学术专著，集中体现中华文化的感召力和吸引力，同时关注文化在交流中的相互助益。不同文明的交流互鉴，不是单方面的文化输出，而是一个文化综合创新的过程，就像费孝通先生所说的"各美其美，美人之美，美美与共，天下大同"。这是基于中华文明内在精神的话语表达，也折射出中国人一以贯之的整体思维方式。

本套丛书的作者多采用新材料、新角度、新观点进行论述，叙事尽量还原事物发展的文化语境和历史背景，让读者在网状的艺术史生发与延展中感受文明交流互动的点点滴滴，给热爱传统文化的人们更多的力量和启发。

人民美术出版社

袁燕老师是我在福州大学厦门工艺美术学院担任院长时的同事，即将出版的学术著作《美美与共——海上丝路之土生华人"峇峇、娘惹"族群服饰研究》，是她近几年来潜心研究的重要学术成果。袁燕老师希望我能为这本书写个"序言"，勉为其难思索良久才动笔，深感抱歉。

说来也巧，我第一次读袁燕老师的论文，读到的就是她发表在《东华大学学报（社科版）》2019年第1期上的《"一带一路"视域下东南亚娘惹服饰典型样式特征研究》一文。坦率地说我对"娘惹服饰"了解并不深，仅仅零星知道一些生活在东南亚海外土生华人"峇峇、娘惹族群"服饰的一鳞半爪。此类研究在我们熟悉的服饰设计史研究中只能算非常小众的研究，而且并不为设计学术界所熟悉。

我常和我硕博研究生们说，谈论设计类话题不要动不动就要构建什么体系和范式，要少说大话和空话，多做实在的个案研究，即便是题目很小，真正有价值的研究往往可以以小见大。据相关文章披露，1979年4月至5月，钱钟书先生随中国社会科学院代表团访问美国，足履遍及哥伦比亚大学、加利福尼亚大学贝克莱分校等学术重镇。在此期间，他在演讲中曾经批评陈寅恪先生的《元白诗笺证稿》考证杨贵妃是否以"处子入宫"一节太"微不足道"。同时，学术界又有一则被广泛传播的传闻，说钱钟书曾经在友人余英时先生面前用英文评价陈寅恪的研究是Trivial（琐碎的）。这一句话被国内学术界的好事媒体演绎成钱钟书评价陈寅恪的研究是"雕虫小技"。然而，我以为陈寅恪先生考证杨贵妃是否以"处子入宫"和写80万字的《柳如是别传》，着眼点是小的，但并不是独对是否是"处子"问题和钱谦益与"红尘女子"八卦故事感兴趣，而是从其一个小点折射唐代社会风气与精神面貌和明清交替文人士大夫气节情怀的大学问。

袁燕老师研究的着眼点非常独特，她似乎纯粹从个人研究兴趣出发，以一个颇为小众的话题，洞悉的却是中外文化交流中的服饰设计史学。甚至可以说袁燕老师从更高层面上以点带面梳理了中外服饰文化交流过程中文明互鉴的大问题。袁燕老师将原本极为冷僻的"峇峇、娘惹"服饰，置于"一带一路"背景下"峇峇、娘惹族群"生活方式和服饰文化特征变革的研究之中。她的研究似乎正好应和了习近平总书记2023年6月2日"在文化传承发展座谈会上的讲话"中所强调的"中华文明的包容性,从根本上决定了中华民族交往交流交融的历史取向,决定了中国各宗教信仰多元并存的和谐格局,决定了中华文化对世界文明兼收并蓄的开放胸怀"。习近平总书记一再强调:"中华文明具有突出的和平性。和平、和睦、和谐是中华文明五千多年来一直传承的理念,主张以道德秩序构造一个群己合一的世界,在人己关系中以他人为重。倡导交通成和,反对隔绝闭塞;倡导共生并进,反对强人从己;倡导保合太和,反对丛林法则。中华文明的和平性,从根本上决定了中国始终是世界和平的建设者、全球发展的贡献者、国际秩序的维护者,决定了中国不断追求文明交流互鉴而不搞文化霸权,决定了中国不会把自己的价值观念与政治体制强加于人,决定了中国坚持合作、不搞对抗,决不搞'党同伐异'的小圈子。"习近平总书记高屋建瓴地论述了世界范围内各民族文化和文明的交融与互鉴,阐述了文明和文化发展始终是与各个国家的政治经济、思想文化和地缘环境息息相关。

服饰是时代的一面镜子,始终承载着民族的、历史的、时代的文化内涵。服饰作为人们日常所用的消费品,潜移默化扮演着文化交流使者的角色。作为东南亚海外土生华人——"峇峇、娘惹"族群,据考证源自于郑和率船队下西洋,在经过马六甲时部分留在了当地的随行人员。这些大明王朝的先民定居后和当地马来族或其他民族妇女通婚。马来语中将他们生下的男性后代称为"峇峇",女性后代则称"娘惹"。因此,也就有了被称之为"峇峇、娘惹"族群的"土生华人"或"海峡华人"。沧海桑田,星转斗移,"峇峇、娘惹"族群虽然已经远离故土,却仍然继承了中华民族久盛不衰的文化传统,特别是他们注重孝道、讲究长幼有序儒家传统,在文化习俗和宗教信仰方面十分"中国化"。他们甚至将马来人的语言、服饰和饮食习惯融入自己的日常生活,形成了新的面貌。

几百年过去,他们中的许多人或许已不会说标准的汉语,但他们讲的仍然是一种综合了福建方言与马来语混合式的语言,形成了他们衍生于传统汉文化的亚文化系统。袁燕老师以海外实地考察的资料为主要依据,将"峇峇、娘惹"服装与同时期中国相对应的服装进行了比较研究,探究了"峇峇、娘惹"服饰的起源。并根据服装款式的变化,以19世纪为重要的时间节点,将"峇峇、娘惹"服饰样式与文化特征进行了较为详尽的分析。特别是分析、归纳、总结了"峇峇、娘惹"婚礼服的设计形态,以及娘惹服饰典型款式(长衫、娘惹可巴雅和笼纱)和娘惹配饰的主要特征,并进行了系统研究,从而为研究中国古代服饰文化在海外的交流、传播和影响提供了有价值的参考。更为可贵的是袁燕老师将

"峇峇、娘惹"族群服饰研究置于大数据时代的背景中，提出了数字化保护的命题，为后续研究提供了新的视角，增添了"峇峇、娘惹"族群服饰研究的后劲。

中华文化蕴含东方审美，确证了千百年来的时代风流。在"一带一路"的风帆下，如何加强现今中外文化交流？"峇峇、娘惹"族群服饰研究个案，仿佛是中国古代文化交流的博物志，折射出东南亚土生华人对美好生活的向往，也彰显了中外文化交流中异域文化对东方美学和审美意趣的积极回响，也恰好印证了今天中外文化交流中文化软实力历久弥新的强大魅力。

啰里啰嗦，拙笔疾书，写在该书出版之前，是为序。

2024 年 6 月 23 日写于姑苏城东儒丁堂

# 引言

中国自古就是海洋大国，中国人从来不缺乏向海而生的探索勇气。虽然在近百年来由于崛起的欧洲文明对海洋秩序产生强烈影响，黑格尔"中国没有分享海洋所赋予的文明，海洋没有影响他们的文化"等来自西方学界的片面论断几乎将中国的海洋文化所掩盖，但是海上丝绸之路存在的本身就已经打破这些错误论断，中国既有璀璨的内陆农耕文化，又有开放包容的海洋文化，世界上很难找到另外一条航路，像海上丝绸之路一样用千年丈量时光，用万里丈量跨度，且历久弥新。如今关于"海上丝绸之路"的研究已成为显学。2013年习近平主席提出"一带一路"倡议，这一跨越时间和地域的理论，使中国在海上丝绸之路的学术研究上掌握了主动性，拥有了话语权，而相关学术研究也被提升至响应国家倡议的高度。本书旨在研究中国服饰文化在海上丝绸之路沿线各国的传播与交融，基于海上丝绸之路沿线国家在当今世界格局下的对话与交流讲好中国服饰文化在海外发展的故事，让世界认识中国、了解中国。

海上丝绸之路是古代中国对外交通贸易和文化交流的海上通道，简称"海上丝路"。海上丝路繁荣的背后是数以千万计的海洋开拓者，他们扬帆破浪，参与并在一定时期内主导古代全球贸易。在两千年的海上丝路贸易中，中华儿女因各种原因散落在海上丝路沿线，并落地生根，在当地形成诸多"土生华人"族群。土生华人承认自己的华人血统，秉持中国传统文化，"峇峇、娘惹"族群是其中最具代表性的族群之一。钱穆曾指出："中国人来海外，是随着中国的社会而同来的，换言之，是随着中国的文化俱来的，亦是随着中国的历史俱来的。"中国服饰承载着中国历史文化，随着华人的帆影沿海上丝路"出海"，并在他乡"开花"，"峇峇、娘惹"族群服饰这朵异域之"花"正是中国文化"舶出"，并在当地产生文化融合和再"外溢"的活态证明。

《三国志》有云："和羹之美，在于合异。"习近平主席在联合国日内瓦总部的演讲中指出："每种文明都有其独特魅力和深厚底蕴，都是人类的精神瑰宝。不同文明要取长补短、共同进步，让文明交流互鉴成为推动人类社会进步的动力、维护世界和平的纽带。""峇峇、娘惹"族群服饰所呈现的中国文化特征以及混合文化特征，正是中华文化在海外落地生根的一个见证。它既是中华文化在海外绽放的花朵，又是多元文化融合的产物，更是中华文化在和平环境下在海上丝路沿线传播和交流的"活标本"。在服装样式的变化过程中，我们看到海外华人对母体文化的自信与坚持，也有基于实际情况对在地土著文化的融合，更有后来对先进的西方工业文化的吸收。正是华人的这种学习精神和中国文化的独特性和包容性，造就了中华特征鲜明又融合多元的"峇峇、娘惹"族群服饰。

相比于海上丝路其他方面大量学者投入研究，大量研究成果涌现的现状，针对中国服饰艺术文化在海上丝路沿线的传播、影响和交融的研究就显得非常单薄，系统化的资料整理更是空白，即使是断代史的研究都几乎没有。这就使得我们对其进行深入的挖掘和剖析，形成系统的理论文化成果，建设符合国家倡议目标的新的理论知识体系和新话语体系，打破西方权威论断，推动中国海洋文化体系建设等迫在眉睫。

正是这样的一种紧迫性，让我背起行囊，搭乘现代的交通工具，重走古老的海上丝路。从厦门出发，国内的泉州、漳州、福州、广州、宁波、南京等地，国外的吉隆坡、马六甲、槟城、雅加达、日惹、梭罗、三宝垄、苏门答腊等地都留下了我的考察足迹。在实地考察中我发现：一方面，海上丝路沿线各国仍存有大量的传统服装实物，特别是考古实证的发掘，为海上丝路的土生华人服饰研究提供了第一手资料；另一方面，现代文化的冲击也使得中国在海外的许多非物质文化面临消亡，"峇峇、娘惹"族群服饰活态的传承也越来越少。海外考察期间，在与海外华人的交流中，我深深地感受到他们对中国文化的认同，以及身为华人的自豪感。身在异国他乡，他们将故土情怀和中华情结体现在他们的衣食住行、婚丧嫁娶的日常礼仪以及节日民俗中。

海上丝路的空间范围以环中国海为起点，主要为东南亚国家。本书主要阐释中国服饰通过海上丝路对沿线国家所产生的影响，以期反映这一时期中国服饰艺术在时间上和空间上的文化生命力和包容性。在前期研究过程中我发现，许多学者关于中国服饰对海上丝路沿线各国影响的观点，或证据不足或存在谬误，却已经广为传播。我以全新的跨文化研究的整体性视野，以文献史料、历史考古和视觉图像考证为依据，实地考察、探究中国服饰在海上丝路沿线的传播、传承及影响，力图还原中国服饰在海上丝路沿线的身份和影响力，并为讲好中国故事、提高中国文化的吸引力、彰显文化自信、展现中国新形象增添可供参考的研究新成果。

袁燕

2023 年 8 月

# 目录

# 《第一章》

## 绪论

## 第一节　研究的缘起

"丝绸之路"因贸易的产品而命名，是由德国地理学家李希霍芬创造的名词。他在其所著的《中国》一书中首次使用"丝绸之路"一词。19世纪末，法国汉学家沙畹在他的著作《西突厥史料》中首次提出"丝路有海陆两道"，由此海上丝路概念正式形成。20世纪晚期，海上丝路这一研究主题再次进入国际学者的视野，1990年联合国教科文组织发起"海上丝绸之路"综合考察船"和平方舟"活动。从概念的提出到联合国教科文组织的考察活动，近百年的相关学术研究，让海上丝路成为显学。

中国是海上丝路的重要参与者，更是整个航线的重要组成部分。自古以来，中国经过海上丝路，与东南亚地区的经贸往来、移民定居、文化接触和族群互动从未间断。关于中国最早海上贸易的正史记载始于《汉书·地理志》，根据记载可以推断在汉武帝刘彻于公元前140年登基后，中国已经开洋通商，从事海上贸易。历经两千多年，马六甲海峡的"黑石沉船"，南海的"南海一号"文物的大量出海，向我们再次拉开古代中国海上丝路辉煌的历史帷幕，面对这段历史，我们不应是旁观者。2000年广东学者以"徐闻——海上丝绸之路始发港"项目率先启动了"海上丝绸之路始发港"专题研究，2013年习近平主席提出"一带一路"倡议，提出建设"新丝绸之路经济带"和"21世纪海上丝绸之路"的构想。这一跨越时间和地域的理论，使中国在海上丝路的学术研究上首次掌握了主动性，拥有了话语权，相关学术研究也被提升至响应国家倡议的高度。近些年，越来越多的学者专家关注海上丝路的研究，但大都关注政治、经济、历史等宏观问题，对构成这些宏观大世界的"衣、食、住、行"等微小而鲜活的生活分子却鲜少关注。本书从"衣"即服装这个贴近生活视角的题材出发，研究海上丝绸之路上的中国文化，为对世界讲好"中国故事"做扎实的研究。

从国家文化战略层面，党的十九大报告指出，中国特色社会主义进入新时代。作为新时代中国联结世界的重要纽带，"一带一路"助推国家形象建构步入了互联互通的新阶段。在助推国家形象的过程中，中国服饰是最具外观识别度的，中国服饰的海外风貌也是最为鲜活的形象。二十大报告更明确地指出，推动共建"一带一路"高质量发展。发现与整理海上丝路服饰文化的遗存，见证中国服饰文化的历史发展以及对海上丝路沿线的传播与影响，坚定文化自信，驱动民族复兴，提升我国传统文化在世界的地位，这是本书的研究缘起之一。

汉代海上丝路的开通，制作服装的材料"丝绸"就源源不断地向海外输出，在输出物品的同时，也随之输出了中国的服饰文化和美。自2017年起，我开始到东南亚各地实地考察，在考察期间发现东南亚到处都有中国服饰文化的身影，无论是最具有中国人识别符号特征的图案（图1-1-1至图1-1-4），还是富有光泽感的中国丝绸，又或是海外华人新娘所穿着佩戴的"凤冠霞帔"，甚至是当地人引以为傲的蜡染"Batik"处处可见。西方和当地学者更多关注殖民文化对当地产生的影响，抑或是阿拉伯文化的影响，而对中国文化在当地历史文化的进程中所起的重要作用却视而不见。探究中国服饰文化在东南亚的传播和所产生的影响是本书的研究缘起之二。

图1-1-1　龙纹

图1-1-2　海水纹

图1-1-3 暗八仙和虎纹

图1-1-4 凤凰牡丹纹

　　关于中国服饰的研究，中国学者主要关注和研究中国服饰国内自身时间、空间范围的发展。中国服饰文化在时间上延续数千年，在空间上它同样是广泛延伸的，这个应该被关注，更值得被研究。中国服饰在古代就已经沿着海上丝绸之路，随帆影延伸和传播，并彰显出穿越时空的强大生命力和包容性。"峇峇、娘惹"服饰鲜明的中国特征，证明了中国传统服饰文化穿越时空、跨越地域空间的生命力，以及它已经在世界范围内被广泛接受与传播的事实。研究中国服饰在海上丝路沿线传播和影响，形成系统性的文化理论成果，一方面充实海上丝路的研究内容，另一方面拓展中国服装史学科的外延研究领域，此为本书的研究缘起之三。

　　此外，在前期研究过程中发现，许多学者关于中国服饰对海上丝路沿线各国影响的观点，或证据不足或存在谬误，却已经广为传播。以东南亚典型服装"可巴雅"的起源为例，大部分的学者认为其起源于阿拉伯或者欧洲，只有少数学者认为源自明清时期的中国"褙子"，这都需要深入的研究和严谨考证。本书将以文献史料、考古实物、视觉图像结合专业知识为依据，论证"可巴雅"的中国起源说。探究中国服饰在海上丝路沿线的传播、传承及影响，力图还原明清时期中国服饰在海上丝路沿线的身份和影响力，此为本书的研究缘起之四。

海上丝路上中国服饰文化的传播和发展，是中国美学的一次"远征"。东南亚土生华人"峇峇、娘惹"族群服饰是中国服饰在保持自己独特的文化标识的同时不断融合和在地化的过程，关于它的研究能折射出中国服饰文化向世界输出美学思想和文化内涵的历史路径。

## 第二节　历史文献、图像、实物资料及研究概况

关于土生华人"峇峇、娘惹"族群服饰，东南亚本地的历史资料非常少，现在学者对于东南亚研究的文献资料，多依据中国史料，但中国史料中关于东南亚华人服装的描写却惜墨如金。元代汪大渊的《岛夷志略》中曾有关于龙牙门（今新加坡一带）的记载："男女兼中国人居之。多椎髻，穿短布衫，系青布捎。"[①]明代关于东南亚研究的重要史料《瀛涯胜览》《星槎胜览》等没有详细记载当时海外华人的着装样式与形象。笔者实地考察新加坡、马来西亚（马六甲、槟城、吉隆坡）、印度尼西亚（雅加达、日惹、三宝垄）等地，着重考察各地的娘惹博物馆、纺织博物馆以及国家博物馆，走访制作娘惹服装的手艺人，获得了大量视觉图像资料，以期"图文结合"展开研究。

### 一、历史文献资料

#### （一）中国历史文献资料

中国古籍史料中保存有浩如烟海的有关古代东南亚的历史与文化的记载，正是这些丰富又记载明确的史料，为世界研究东南亚提供了珍贵的信息。中国的史料记载是古代东南亚研究的主要支撑。中国自汉代开始有关于东南亚海上交流的历史记载，一直延续至今。在数量庞大的史料中，我们重点研究的方向是因海上丝路的繁荣昌盛而产生的土生华人族群。在唐中叶以前，中国的经济中心

① （元）汪大渊：《岛夷志略·龙牙门篇》，苏继庼校释，中华书局，2000年，第213页。

一直在北方，这使得北方的陆上丝路一直比海上丝路更重要，也更加兴旺和繁荣。唐朝以后中国人才在海上丝路上活跃起来，在东南亚出现华人社会。唐以后的中国与东南亚的交流历史是我们研究的重要方向，《宋史》《宋会要辑稿》《元史》中对相关信息多有记载。明朝是中国海上贸易、交流的一个转折期，明前期以"郑和下西洋"为代表的官方航海，再次扩大了中国对海上丝路沿线国家和地区的影响力。同时，明朝的"海禁"政策，可以说是开放与封闭并举，明朝也是华人移居海外的一个高潮时期。《明史》《明会典》《明实录》是明代相关历史文献资料研究的重点。清朝《清史稿》《清史录》中有详尽且庞杂的宏观历史资料，其中我们重点关注对东南亚的经济交流，朝贡政策，赐服外交制度，以及《舆服志》中的服饰记载。另外，现代学者关于古代服饰的研究，如华梅的《中国历代舆服志研究》、孙机的《中国古舆服论丛》、沈从文《中国古代服饰研究》以及王熹的《明代服饰研究》等也是我们研究的范围。

此外，唐代以后有关海外的史料专著更是研究的重中之重，南宋赵汝适《诸番志》记录国别最多、物产最详，因而译本和研究最多。元代航海家汪大渊在《岛夷志略》中根据自己的航海远游记录了东南亚风土、山川、物产、服饰和习俗，以及华侨在海外的情况；周致中《异域志》、周达观《真腊风土记》都有着丰富的海外历史资料记录。明代最具代表性和研究价值的文献为《瀛涯胜览》，作者马欢曾随郑和三次出使西洋诸国，根据航海中的见闻写成该著作。明代同为使者的费信所著的《星槎胜览》、巩珍所著的《西洋番国志》，陆容所著的《菽园杂记》、黄省曾所著的《西洋朝贡典录》、张燮所著的《东西洋考》等也都是重要的服饰研究资料。

清代以后中国虽然依旧延续明朝的海禁政策，甚至更加闭关锁国，但是海上交通的发展仍使更多的人有机会由海路航运至世界各地。清代的各种海外游记、日记更多。一是游记类，作者根据自己的海外见闻书写成书，如谢清高的《海录》，此书的记载为研究

18世纪末19世纪初的中外关系和海外华侨史提供了宝贵资料。还有李钟珏的《新加坡风土记》，此书是研究19世纪海峡殖民地时期社会、政治、经济的重要资料。除此以外，《槟榔屿志略》《槟榔屿游记》《柔佛略述》《游历笔记》等都是了解各地方历史的重要文献记载。二是留学生路经这一地区的记载，如斌椿的《乘槎笔记》、张德彝的《航海述奇》等。三是驻外使臣的记录，1876年驻英大使郭嵩焘所著的《伦敦与巴黎日记》，刘锡鸿副使所著的《英轺私记》，1876年李圭代表中国参加美国费城举办的万国博览会，回国途经新加坡所著的《环游地球新录》等，这些作者都将自己路经新加坡的见闻记录下来，是了解新加坡的宝贵资料。

（二）国外历史资料

东南亚各国大都没有修史的习惯，因此只存在零星的历史记载，历史资料较为匮乏。比较重要的有《爪哇史颂》和《马来纪年》，但其中也掺杂着神话、故事和传说。《爪哇史颂》是东南亚海岛地区第一部历史著作，是在满者伯夷王朝极盛时期由当时的宫廷文人所著，于1365年完成，主要是记述和颂扬爪哇国王的功德，虽然它不是严谨的史学著作，但是它仍然是研究14世纪中叶以前的重要资料。成书于1516年的《马来纪年》，是马来文学的典范，也是该地区伊斯兰化之后出现的最具影响力的历史著作，甚至是"表现马来民族文化思想的代表作"，"《马来纪年》在马来文献学上的地位，是相当于中国太史公的《史记》和希腊希罗多德（Herodotug）的史册，所以每一个学习马来文的学生，都得研读这一部名著，不论研究语文或历史"。"严格地衡量它（《马来纪年》）只是一部演义而非史乘；它虽以叙述满剌加王朝的历史为标榜，但所记载的，有神话，有传说，有史实……但毕竟是马来文献中仅有的一部史书……"①

① [新加坡]许云樵：《马来纪年》增订本，新加坡：新加坡青年书局，1966年，第50、277页。

## 二、历史图像资料

以"以图叙事"的方式对历史真相进行研究，把视觉图像作为服装历史研究的证据，它的价值毋庸赘述。正如彼得·伯克在他的《图像证史》中所强调的观点"图像如同文本和口述证词一样，也是历史证据的一种重要形式"[①]。视觉图像文献资料和其他考古资料一样，可以成为书面文献资料的补充。

① [英]彼得·伯克：《图像证史》，北京大学出版社，2008年，第11页。

### （一）中国古代绘画图像资料

"绘其衣冠，道其风俗"是中国古代绘画中的一种官方图绘传统，"职贡图"是这种图绘方式的代表，"职贡图"的绘制兼具纪实性和想象性，既有对现实的描绘，也有对美好相期许的历史原因。南朝萧绎绢本《职贡图》是我国现存最早的职贡图，尺寸为25cm×198cm（宋人摹本），现藏于中国国家博物馆，书画卷中已经有对东南亚国家——狼牙修（今马来半岛东岸北大年以东和东北地区）的图像记载。随后唐朝阎立本的《职贡图》、章怀太子墓的《职贡图》和周昉的《蛮夷职贡图》；宋朝充满异邦想象的李公麟《万方职贡图》，现藏美国弗利尔美术馆；元朝任伯温的绢本《职贡图》，尺寸为36.2cm×220.4cm，美国旧金山亚洲美术馆馆藏；明佚名《职贡图》；仇英的《职贡图》，清朝傅恒主持编修的《皇清职贡图》和谢遂的人物画《职贡图》，这些资料作为官方活动的历史记录，确实为我们研究当时风土人情提供了第一手资料和直观的图像线索。

明朝王圻、王思义编集的《三才图会》是第一部独立的图像文献，于1607年完成，1609年出版，这本书汇集诸家书中有关天地诸物的图像，"图绘以勒之于先，论话以缀之于后"，对每一事物皆配有图像，然后加以说明。图不清晰者可借助文字表达，文字无法说清者可以图作参考，图与文互为印证。所配插图偏重通俗性和实用性。此书可为众多学科的研究者提供资料，它的研究价值极高，美国牟复礼和崔瑞德主编的《剑桥中国明代史》把《三才图会》列为"最突出的两部类书之一"。《三才图会》刻成于明万历年间，正值我国版画发展的黄金时代，图像的绘刻线条清晰，具有很强的可考性。尤其是人物类，虽有一定的历史局限性，但仍为我们呈现了明代尤其是明朝后期贵族、平民以及海外番使的视觉形象和服装样式。

中国历史悠久的仕女画也为我们提供了丰富的视觉资料。仕女画中对服装的描绘，将服装的样式造型、色彩、图案纹样，甚至是材料的质地、饰品的配搭以及当时人们的审美等，都通过图像完整地呈现在我们眼前。

（二）16至19世纪东南亚印刷图像和摄影图像

图像制作的两次革命，一次是15世纪和16世纪印刷图像的出现（木版画、雕版画、铜版画），另一次是19世纪和20世纪摄影图像的出现（包括电影和电视）。[2] 在16、17世纪荷兰殖民者通过雕刻版画记录东南亚（爪哇岛、马来半岛等）殖民统治地区的风土人情和当地人的生产生活。19世纪后摄影成为重要的视觉图像记录方式，尤其是流行于当地贵族间的人物肖像摄影，更加真实地向我们提供了图像历史证据和依据。

② [英] 彼得·伯克：《图像证史》，北京大学出版社，2008年，第15页。

### 三、实地考察、馆藏实物资料

为了使研究更加严谨，笔者通过田野考察，运用考古实证，力求掌握"第一手资料"。在实地考察时分主线和支线两个大方向进行研究，同时不断地总结问题、发现问题、查漏补缺。主线围绕海上丝路和海外华侨展开，支线则围绕丝绸文化、中国服饰文化（宋、元、明、清）展开。

（一）主线

1. 国内考察调研

国内考察调研主要集中在福建省和广东省。首先，对福建省内的博物馆进行考察，包括福建省博物院、福州市博物馆、泉州博物馆、闽台博物馆、厦门华侨博物院、厦门大学人类学博物馆等。其次，与制作传统服装的老手艺人、非物质文化遗产传承人进

图1-2-1　厦门华侨博物院　　　　图1-2-2　美美与共——新马土生华　　图1-2-3　泉州交通博物馆
　　　　　　　　　　　　　　　　　　　　　人历史文化展

行探讨和交流，多次在厦门、泉州和漳州调研风靡于海外的"珠绣""金苍秀"和"漳绣"，以及受海外影响而产生的丝绸制品——"漳绒""漳锻"，到泉州戏曲研究院调研当地的戏曲服装，与厦门华侨博物院和厦门大学诸多研究东南亚的专家进行深入交流。再次，走访调研广东省阳江市的广东海上丝绸之路博物馆（南海一号博物馆）、广东省博物馆、广东民间工艺博物馆、广州十三行博物馆、广东省华侨博物馆等。（图1-2-1至图1-2-3）

2. 国外馆藏文物资料调研

笔者在前期研究实地考察中发现，海上丝路沿线各国仍存有大量的实物，特别是考古发掘，为研究海上丝路的中国服饰研究提供了第一手资料。这些考古实物大多在新加坡亚洲文明博物馆（以马六甲海峡"黑石沉船"考古挖掘为主体）、新加坡国家博物馆、新加坡马来文化馆、唐人街牛车水博物馆。此外，在新加坡有专门的"峇峇、娘惹"博物馆，该馆陈列有"峇峇、娘惹"的诸多珍贵资料，相对系统且全面。同时，笔者也到新加坡土生华人私人博物馆、"峇峇、娘惹"土生华人族群最古老的组织"庆德会"进行调研交流，参观调研新加坡国立大学博物馆，与新加坡"峇峇、娘惹"研究专家进行交流和探讨，并邀请土生华人协会副会长、"峇峇、娘惹"服饰研究专家（新加坡土生华人协会第二副主席）黄俊荣先生到中国厦门进行学术研讨。（图1-2-4至图1-2-7）

1-2-4　新加坡国家博物馆　　图1-2-5　新加坡土生华人博物馆　　图1-2-6　笔者与土生华人私人收藏家调研交流　　图1-2-7　笔者到新加坡"庆德会"调研交流

| 8 | 9 | 10 |
|---|---|----|
| 11 | 12 | |

图1-2-8　马来西亚国家博物馆
图1-2-9　马来西亚国立纺织博物馆
图1-2-10　马来西亚槟城土生华人博物馆
图1-2-11　马六甲郑成功雕塑
图1-2-12　马六甲河

　　调研马来西亚的国家博物馆、纺织博物馆、马六甲"峇峇、娘惹"博物馆、"峇峇、娘惹"建筑博物馆、马六甲博物馆、郑成功纪念馆、马六甲王朝博物馆、鸡场街的诸多会馆建筑和"峇峇、娘惹"古董店、槟城"峇峇、娘惹"博物馆、蜡染艺术博物馆以及诸多"峇峇、娘惹"的私人博物馆。（图1-2-8至图1-2-12）

　　除此以外，还调研了印度尼西亚首都雅加达国家博物馆、微

缩景观民俗博物馆、纺织蜡染博物馆、爪哇文化中心地——日惹
文化博物馆、日惹王宫、水宫、日惹蜡染博物馆、梭罗蜡染博物
馆、PasarKlewer蜡染制品集市和PasarTriwindu古董集市等。调
研三宝垄（该城市位于北海岸，也是海上丝路上的一个重要停泊
港口，同时它也是一个以郑和的本名三宝命名的城市，印度尼西
亚爪哇岛中爪哇省首府和最大城市，这里处处都有华人的印记）
的中爪哇省博物馆以及当地为纪念郑和修建的郑和庙。调研世界
级非物质文化遗产婆罗浮屠、普兰巴南寺庙群，并考察建筑壁
画。（图1-2-13至图1-2-18）

图1-2-13　印度尼西亚国家博物馆　　　　图1-2-14　婆罗浮屠建筑群

图1-2-15　普兰巴南寺庙建筑群

图1-2-16　索诺布多约博物馆

图1-2-17　三宝垄郑和庙

图1-2-18　三保（宝）洞

（二）支线

针对中国传统服饰、中国丝绸文化的考察，调研中国国家博物馆、中国丝绸博物馆和南京博物院等；针对宋代服饰的考察，调研江西省博物馆；针对明代服饰的考察，调研明十三陵博物馆。

### 四、国内外研究概况

#### （一）国内研究现状

中国学术界历来都有研究东南亚历史的传统，厦门大学和北京大学都有专门的东南亚研究中心，关注东南亚古代历史、文化、种族、族群和当代的政治、经济、社会问题较多，主要是从宏观视角研究，并有大量的学术成果。例如厦门大学教授庄国土著有《东亚华人社会的形成和发展：华商网络、移民与一体化趋势》，知名东南亚研究学者贺圣达著有《东南亚文化发展史》，台湾研究华人史的专家李恩涵著有《东南亚华人史》。

目前从服装、服饰角度研究海上丝绸之路的学术成果较少。国内研究论著只有一部，为著名服装史学专家华梅教授的《华梅看世界服饰：多元东南亚》，该书主要以游记的形式记录东南亚服饰。论文相对较多，不同学者都从某一个视角进行了探讨，有莫玉玲《广府华侨华人服饰艺术研究》（2015），陈君伟《马来西亚华族饰品的历史演变与特征》（2011），庄梦轩《马来西亚蜡染艺术发展史探究》（2016），陈林子《"一带一路"背景下中越红瑶服饰艺术比较研究》（2018），白爱萍《从〈皇清职贡图〉看东南亚国家的服饰文化特征》（2011），张娅雯、崔荣荣《东南亚娘惹服饰研究》（2014）等。

#### （二）国外研究情况

国外学者的研究同样主要关注宏观大问题，有巴素《马来亚华侨史》，W.J.凯特《荷属东印度华人的经济地位》，尼古拉斯·塔林主编，贺圣达等译的《剑桥东南亚史》，安东尼·瑞德《东南亚贸易时代：1450—1680年》，牟复礼、崔瑞德《剑桥中国明代史》部分章节论述明代中国与东南亚等海外地区的关系，柯律格《大明——明代中国的视觉文化与物质文化》关注中国明代的视觉和物质文化，彼得·弗兰科潘《丝绸之路——一部全新的世界史》。

西方学者往往只从自身的角度或是殖民者的眼光去观察东南亚，将东南亚看作是"欧洲的一个虚幻的部分"，研究中夸大外来文化对东南亚的影响，尤其是西方外来文化，长期主导东南亚学的"欧洲中心论"，抑或是"印度中心论""伊斯兰文化论"，又或是将东南亚文化视为"中国文化延伸"。

从东南亚自身发展的时间进行观察研究，不片面地夸大外来文化的影响，公正客观、尊重历史实际、开放的学者视角、全球视野，并在区域史框架内进行的研究则更少，研究海外华人娘惹服饰刺绣和首饰的书籍有《海峡华人的刺绣和珠绣》(*Straits Chinese Embroidery &Beadwork*) 和《海峡华人的黄金珠宝》(*Straits Chinese Gold Jewellery*)，这两本书主要以图片展示为主，专业论述单薄。另外，在一些欧美作者撰写的书籍中零星提到海外华人服饰。

总体来看，关于海上丝路上中国服饰的研究还处于初步阶段，现有研究成果呈现零散的状态。

## 第三节　研究对象、方法及内容框架

### 一、研究对象和研究方法

本书以明清时期海上丝路上的土生华人"峇峇、娘惹"族群的服饰（中国传统服饰文化海外延伸的一个次系统）作为主要的研究对象。通过对这一族群服饰的考察，"以小见大"，研究中国服饰通过海上丝路对东南亚国家的服饰所产生的影响。研究空间范围以中国海为始端，主要涉及东南亚地区。

在研究的技术路线上，本书以海上丝路为线索，以史为纲，以论为"血肉"，依据设计艺术学、服饰文化学、艺术人类学、传播学、民俗学、符号学、视觉文化研究等理论为指导，理论与实践相结合，研究中国服饰在怎样的时代背景下向东南亚流通，重点阐明中国服饰及其文化在东南亚的传播、融合、在地化，侧重分析中国服饰对当地服装所产生的影响案例。

在方法论上，根据选题性质与特点，本书主要采用文献资料分析法、视觉文化研究法、人类学族群研究法、艺术考古研究法、归纳分析法等研究方法。

（一）文献资料分析法

海上丝路历史典籍文献较多，其中有不少关于服饰艺术文化的记载，即文字记载和考古资料结合，具有实证性，这也是本课题最为重要的研究方法。由于文献记载过于分散，需要梳理中国各时期记载海上丝路与服饰相关的史料，分析研究并归纳整理。该方法主要是对历史文献中关于中国服饰海外传播的信息进行论证，从而复原中国服饰文化沿海上丝路传播到海外的过程。

（二）视觉文化研究法

关于海上丝路上的"峇峇、娘惹"族群服饰，本书首先研究与我们一脉相承的服饰样式、形制、图案纹样等视觉符号如何在海上丝路沿线传播。其次研究中国文化视觉特征符号如何在地化，并与当地的多元文化融合，即一方面研究中国文化视觉特征对当地文化的影响，另一方面研究土生华人族群如何既保留中国文化的视觉特性，又同时与当地多元文化相融合。

（三）人类学族群研究法

研究"峇峇、娘惹"族群的日常行为、民俗传承、服饰技艺等，探析"峇峇、娘惹"服饰背后的文化和精神传承、宗教信仰、中式审美和哲学。

（四）艺术考古研究法

古代的海上丝路舟楫如云，当然装载着贸易的大宗商品——丝绸。尽管有大量的考古文物出土，但海上丝路沿线却从未出土过丝绸，可谓"海丝无丝"。所以这里的考古学研究方法是不同于常态的考古学，主要是运用"艺术考古学"方法，用艺术"图像"与艺术"语言"论证中国服饰及文化的海外传播。

（五）归纳分析法

对海上丝路沿线按照族群、民族和地域进行分类，研究中国服饰文化的影响及表现。展开中国服饰文化与当地文化的融合研究，针对模糊的问题和新的考察点再度深入调查研究，不断完善。召开2至3次小型学术研讨会，结合理论与实践问题进行探讨。系统归纳总结，整理提纲，撰写材料。

## 二、研究内容框架

在跨文化的视域下，以海上丝路为依托，旨在考察中国服饰艺术文化海外输出的契机、途径以及传播历程和影响，由此论证这一时期海上丝路服饰文化的交流特征、内涵和主流方向，进而阐释中国服饰艺术文化在海上丝路的溢出效应和多元融合。

第一模块（第一、二章）：从实地考察入手，以史为纲目，跨学科互渗式研究，总结剖析各个层面的相关学术理论，厘清"海上丝路""土生华人""峇峇、娘惹"等概念，阐述海上丝路与"峇峇、娘惹"族群的关系，"峇峇、娘惹"族群的中国起源和特征以及"峇峇、娘惹"服饰的概况和风俗文化。

第二模块（第三章）：利用考古资料、绘画图像、历史实物等将中国直领对襟形制的窄袖"褙子"等与"峇峇、娘惹"服饰作视觉文化的对比考证。同时从"海上丝路"历史宏观视角以及中国的"朝贡"和"赐服"制度，探究并论证娘惹典型服装样式"可巴雅"的起源——"中国说"。

第三模块（第四、五、六、七章）：该模块是本书的主体部分，从样式、结构、色彩、工艺和材料等方面研究探讨"娘惹"典型服装的形制特征；梳理总结娘惹"可巴雅"服饰演变过程和多元文化融合特征，分析研究"峇峇、娘惹"婚礼服的样式特征和民间习俗，分类研究"峇峇、娘惹"的多元化服装配饰。

第四模块（第八章）：在理论研究的基础上探讨数字化传播，利用数字技术对历史资料进行整理、再构建（虚拟再现）和数字化创作传播（电子故事绘本、数字动画等）。

研究的主要结构：历史语境（契机、历史、传播途径）—历史遗存—中国服装艺术和文化溢出分析—中国文化在地融合（过程、影响）—多元文化再融合。这种结构安排符合海上丝路中国服饰输出的历史逻辑与规律的科学性，同时跨文化研究视野将多元文化作为一个整体系统研究具有一定的前沿性。

研究重点为中国服饰通过海上丝路对东南亚各民族服饰所产生的影响，对东南亚各民族服饰的形成原因、艺术特征及风格进行分析和研究，以及中国服饰对东南亚各民族服饰产生的影响。从而还原明清时期中国服饰身份和影响力，揭示中国文化强大的生命力和包容性。

由于研究主题在时间和空间上跨度较大，且用了一个新的研究视角，参考资料稀少，这都为本书的编写带来不小的困难。此外，笔者在实地调研中发现，由于历史问题和意识形态差异，国外的研究资料过于分散且不被重视，传统服饰在海外也面临着当下文化的冲击，这也是本课题研究的紧迫性。

中国文化源远流长且深厚宽广，具有很强的生命力和影响力，"一带一路"的倡议带给中国文化更加开放、更加广阔的视野，和更为便捷的交流渠道。本书以"互为"的方式探讨中国文化与世界文化接轨的问题，通过实地考察和查阅中外史料，研究中国服饰在海上丝路沿线的传播力、影响力，为勾勒"中国形象"增添鲜活的一笔，选择现代性的数字传播手段，"讲好中国故事"。让更多的人能够从服饰文化的角度，系统了解海上丝路，推动"一带一路"的发展。

## 第四节　名词释义

### 一、土生华人

"土生"特指东南亚区域的一个特殊群体，在这一独特的群体中，华人占据的比例很高，故又专指"土生华人"。自汉代有记载以来，华人借助季风的力量，如候鸟般往返于中国和东南亚之间，由于航海事业的特殊性，早期华人航海者没有携带家眷同行，客观上的原因使得他们与当地女子通婚，他们的后代称为"土生华人"。

现在"土生华人"概念已经泛化，其所区别于其他族群的标识已经主要不是语言，甚至不是宗教和血统，而是该族群主观上认为自己是华人的意识。包括印度尼西亚的"帕拉纳坎"（"Paranakan"）、马来西亚的"峇峇、娘惹"（"baba、nyonya"）、菲律宾的"梅斯蒂索"（"Sangley Mestizo & Chinese Mestizo"）的混血后裔。①

① 庄国土：《论东南亚的华族》，载《世界民族》，2002年第3期，第41页。

### 二、马六甲王国

1440—1511年马六甲王国为苏丹王朝，这一时期马六甲成为伊斯兰教在东南亚的传播中心，马六甲王朝与中国同时期的明朝关系密切。②

② 贺圣达：《东南亚文化发展史》，昆明：云南人民出版社，2011年，第246—248页。

### 三、海峡殖民地

1824年，由英荷之间（正式）妥协，英方放弃爪哇、摩鹿加与西苏门答腊等地，却永久并有了马六甲，并将之与新、槟两地合并为海峡殖民地（"Straits Settlements"）。③

③ 李恩涵：《东南亚华人史》，北京：东方出版社，2015年，第129页。

### 四、生色花

生色花即写实折枝花卉总称，它既可以单独成纹样，也可以与动物、人物组合，构成各种形式丰富、寓意吉祥的纹样。④

④ 张晓霞：《中国古代染织纹样史》，北京大学出版社，2016年，第251页。

第一章

绪论

19

① 贾玺增：《中外服装史》，上海：东华大学出版社，2018年，第161页。

## 五、领抹

宋代褙子上的"领抹"都是将一整块布裁成长条形后，两侧外边向内扣折，用针线沿领抹外沿缝于领襟之上。宋代的领抹多花卉纹样装饰。①

## 六、抹额

戴抹额的习俗早在商代已经出现，不分男女，无论尊卑，人们都喜欢在额间系扎丝帛制成的头箍状饰物，用来固定头发。秦汉以后，士庶男子用巾帻裹首，有一种裹法是用布帛将额头围勒住，将发髻露在外面。汉代妇女也用巾帛扎额，不过多是歌女舞姬这样装束，帛巾从前绕后，在脑后系结下垂，帛巾上还缀有圆形饰片数枚。宋代民间男子崇尚系裹头巾，妇女多用抹额。宋代妇女通常将五色锦缎裁制成各种特定的形状，有的在上面绣上彩色花纹，有的还缀上珍珠宝石。抹额逐渐成为一种装饰性首饰。元代贵妇用抹额者不多，只有士庶之家的女子才喜欢作这样的装束，因为在额间系扎这一道布帛，可防止鬓发的松散和发髻的垂落，便于劳作。有的用彩锦缝制成菱形，紧扎于额；有的用纱罗裁制成条状，虚掩在眉间；有的则用黑色丝帛贯以珠宝，悬挂在额头。还有一种抹额，用丝绳编织成网状，上面缀珠翠花饰，使用时绕额一周，结打在脑后。冬季所用的抹额，通常用绒、麖、毛毡等厚实的材料制作。有的用绸缎装入丝绵，在外面绣花，考究的还缀上珠翠宝玉，两端则各装上金属搭扣。抹额的造型也有多种：有的中间宽阔，两端狭窄；有的中间狭窄而两端宽阔，后者在使用时多将两耳遮盖。所以这种抹额兼具御寒作用。②

② 高春明：《中国历代服饰艺术》，北京：中国青年出版社，2009年，第78、79页。

## 七、点翠

"翠"是指翠鸟的羽毛，早在周代时就有男子把翠鸟的尾巴上的羽毛戴在发髻或冠上，称为翠翘。点翠是中国一项传统的金银首饰制作工艺，工艺流程是以金银制作点翠部位的底托，再用翠鸟翅膀和尾巴特定部位的羽毛，按照所需颜色的深浅仔细镶嵌在金银底托上，因翠鸟羽毛在不同光线下可以呈现出蓝紫、湖蓝、深青等不同颜色，使得点翠饰品佩戴起来艳丽而灵动。[3]

③ 顾凡颖：《历史的衣橱》，北京日报出版社，2018年，第152页。

## 八、滚边

"滚边"是服装边沿处理最普通的装饰工艺方法之一，也称滚条工艺。"滚边"古代称"纯"，是指用一条斜丝绺做的窄布条将衣片毛边包光，以增加衣服美观的一种传统特色工艺，也是作为装饰的一种工艺技巧。"滚边"不仅可以使衣服边沿光洁，增加实用功能，也可起到装饰作用。[4]

④ 江群慧：《滚边工艺及其在服装设计中的应用》，载《浙江纺织服装技术学院学报》，2012年第1期，第30页。

## 九、傧相

傧相通常指的是举行婚礼时陪伴新郎新娘的人。在中国古代，该词汇仅指在举行婚礼时替主人接引宾客和赞礼的人，以后逐步演化为今义。最早出自《周礼·秋官·司仪》中的"掌九仪之宾客摈相之礼"。

## 十、博亚人

博亚人（"Baweanese"）是新加坡马来人中的一个重要社区的人，他们最初来自印度尼西亚东爪哇省的"Bawean"岛，19世纪初迁徙到新加坡。在早期，他们大多从事司机和驯马师的工作，当地华人结婚时也常聘请他们。

## 十一、涵化

涵化（"acculturation"）亦称"文化摄入"。一般是指因不同文化传统的社会互相接触而导致手工制品、习俗和信仰的改变过程。涵化常有三种形式：接受、适应、反抗。1880年美国民族学局的鲍威尔首先提出该名词。其同事霍尔姆斯和麦吉尔相继采用。20世纪初，在人类学及其他社会科学著作中，常与"传播""同

第一章 绪论

图1-4-1　明大红色四兽朝麒麟纹织金妆花纱女袍

① 顾明远:《教育大辞典》,上海教育出版社,1998年。

化""借鉴"及"文化接触"交替使用。1935年美国雷德菲尔德、林顿、赫斯科维茨3人对它所下的定义为来自不同文化的个人所组成的群体,因持续地直接接触而导致一方或双方原有文化模式的变迁现象。该定义遭到众多人类学家的批评。①

### 十二、织金通袖膝襕

在两袖正上部织饰的纹样称"通袖襕"。在前后襟靠膝盖处,各饰一道"膝襕"。如图1-4-1所示,山东博物馆收藏的明大红色四兽朝麒麟纹织金妆花纱女袍,正是通袖膝襕样式,工艺采用织金工艺。

注:baba、nyonya（Nonya）、kebaya、baju pan-jang、keronsang、Chalay、rubia、kebaya rendah、bungaraya等为马来语。

《第二章》

# 海上丝路与"峇峇、娘惹"族群及其服饰

第一节　海上丝路与"峇峇、娘惹"族群的时空交错

中国既是陆地大国，也是海洋大国。中华文明中包含有丰富的海洋意识和文化以及悠久的海洋传统，海上丝路就是强有力的证明。中国人对浩瀚的海洋充满敬畏且勇于探索，并创造了中国海洋文化。并不像黑格尔在《历史哲学》中所认为的："超越土地的限制、渡过大海的活动，是亚细亚洲各国所没有的，就算他们有更多壮丽的政治建筑，就算他们自己以海为界——像中国便是一个例子。在他们看来，海只是陆地的中断，陆地的天限；他们和海不发生积极的关系。"① 早在秦汉时期海上丝绸之路的开辟，就已经推动了海上人文、经贸的交流和往来。

"海上丝绸之路"的概念指的是"中国古代由沿海城镇经海路通往东南亚、南亚，以及北非、欧洲的海上贸易通道"②，亦是"中国古代有海上通往东西方各国商路的别称"③。它是"新大陆"发现之前传统的地域性海路，大体来说有两条线路：一是从中国东部沿海港口出发直达朝鲜、日本的东海航线；二是由中国东南及南部港口启航，经由东南亚、南亚各沿海国家中转，抵达西亚、北非和印度洋西岸的南海航线。20世纪80年代以来，"海上丝绸之路"这一概念早已由所谓的"木帆船时代"的区域性航海通道扩大为环球性的海上通道，包含新旧大陆间的海上通道，即主要从福建漳州月港出发，经由"小吕宋"（即今菲律宾马尼拉）抵达美洲大陆的太平洋航线，内涵也逐渐从贸易路径扩大为人类文明交流的通道。④ 但无论在哪个时期，中国都是这条海路的核心所在。

**一、土生华人"峇峇、娘惹"族群因海上丝路繁盛而生**

历史上中国与东南亚紧密相连，千百年来中国人沿海上丝路与东南亚各族人民交流、互动、融合，特别是中国与东南亚

① [德]黑格尔：《历史哲学》，王造时译，北京：生活·读书·新知三联书店，1956年，第135页。

② 周伟州：《丝绸之路大辞典》，西安：陕西人民出版社，2006年，第719页。

③ 天津市国际贸易学会：《国际经济贸易百科全书》，天津科技翻译出版公司，1991年，第297页。

④ 杨国桢、陈辰立：《历史与现实：海洋空间视域下的"海上丝绸之路"》，载《广东社会科学学报》，2018年第2期，第110—116页。

各族通婚的血脉融合，在当地"落地生根"，形成各具人文特征的土生华人族群。土生华人（"Peranakan"）族群正是因"海上丝路"而生。土生华人是一个庞大的群体，他们在不同的国家，有着不同的称呼，马来西亚、新加坡、印度尼西亚称为"峇峇"（"baba"）、"娘惹"（"nyonya"），越南称为"明乡人"，缅甸称为"桂家人"，泰国称为"洛真人"（"Luk Chin"），菲律宾称为"梅斯蒂索"（"Chinese Mestizo"）。而"峇峇、娘惹"族群是最具代表性的族群之一，它的风俗文化、服装样式等特征最为鲜明。对土生华人族群进行深入研究，于研究中国与东南亚关系具有重要意义，它是中国与东南亚历史、文化关系渊源深厚的重要呈现。

"峇峇、娘惹"族群是海上丝绸之路上中华文化、土著文化以及其他外来文化交融的见证。唐朝海上丝绸之路真正贯通后，东南亚作为海上丝路的要冲，中国人更多地参与到海洋贸易中，出现了华人移民东南亚的最早记录。阿拉伯地理学家马肃狄（Masudi,Elmasudi）所著*Kit-ab-al-Ajaib*一书中记载，他在印度尼西亚的巴邻旁（Palembang）所见华人聚落，"为黄巢起义后脱离母国流寓到苏门答腊（Sumatra）的一群华人"。[5]

经过宋元时期的"开洋裕国"，中国出现因海上丝路的贸易而诞生的群体——海商。大量的贸易从业者往返于中国与海上丝路沿线东南亚诸国。由于古代航海技术有限，需要借助季风的力量远航，中国海商一般乘船南下到目的地，在当地住下经商，第二年返回，称为"住蕃"。宋元时期，中国海上丝绸之路持续繁荣发展，《马可波罗游记》中记录了因海上丝绸之路而更加兴盛繁荣的广州、泉州等港口城市。[6]当时有"住蕃虽十年不归"者。明朝郑和下西洋将海上丝路推向又一个高潮，中国人移居东南亚的人数进一步增多。隆庆元年（1567）明穆宗对海外政策进行调整，南方居民纷纷涌向东南亚诸国，出现中国人移居东南亚的热潮。"峇峇、娘惹"族群正是在这样的历史大背景下逐渐形成的。

⑤ 李恩涵：《东南亚华人史》，北京：东方出版社，2015年，第43页。

⑥ （宋）朱彧：《萍洲可谈》卷二，李伟国点校，郑州：大象出版社，2006年。

图 2-1-1　新加坡 "峇峇、娘惹" 房屋群

### 二、"峇峇、娘惹" 族群在海上丝路沿线的地域分布

"峇峇、娘惹" 族群最早诞生于海上丝路的重要枢纽马六甲海峡，以马六甲、槟城、新加坡为代表城市，并在印度尼西亚的苏门答腊有零星分布，这些地区正是海上丝路重要的港口城市和中转站。如图 2-1-1 所示为现新加坡华人聚集区的 "峇峇、娘惹" 房屋群。

"峇峇、娘惹" 族群的地理位置围绕着马六甲海峡分布。马六甲海峡的重要港口马六甲，与北面的港口苏门答腊遥望相对，新加坡位于马来半岛南端之马六甲海峡的东侧。马六甲海峡是连接印度洋与太平洋、亚洲与大洋洲的 "海上十字路口"，自古以来就是东南亚地区乃至东西方海上交通的要冲之一。马六甲海峡历史悠久，约在 4 世纪时，阿拉伯人就已经穿过马六甲海峡经过南海到达中国。马六甲海峡一直是东西方海上贸易的重要中转站，到 15 世纪马六甲更是成为当时世界上最大的国际贸易港口之一，以及东南亚最为主要的货物集散地，中国、印度及一些阿拉伯国家海上贸易船只都要经过马六甲海峡。这样的历史背景使得马六甲海峡区域成为世界海洋贸易和海洋文化的典型代表，也造就了 "峇峇、娘惹" 族群诞生地的本土文化环境。

马六甲海峡同样在环中国海文化圈内，这个圈是中国古代历史与民族文化交流的重要且特殊的一环，尤其是宋元明时期华人主导的"大航海"时代，马六甲海峡是包含在这个圈内的重要区域。从这样的视野看，"峇峇、娘惹"族群是中国沿海海洋族群的自然延伸。尤其是15世纪郑和下西洋在海上拉开全球化的帷幕，明朝"不征"与"共享"的外交理念，为这个时期的"海上丝绸之路"定下了和平的基调。马六甲海峡是当时印度和中国之间最短的海上航道，郑和率领庞大的船队穿过马六甲海峡到达印度洋，满剌加（马六甲）王国的兴起与郑和下西洋密不可分，马六甲是郑和远洋的重要补给站和中转站。在马欢《瀛涯胜览》中记载："中国宝船到彼，则立排栅，城垣设四门更鼓楼，夜则提铃巡警。内又立重栅小城，盖造库藏仓廒，一应钱粮顿放在内。去各国船只俱回到此取齐，打整番货，装载停当，等候南风正顺，于五月中旬开洋回还。"[①] 这段记载中清楚地表明郑和船队在马六甲有自己的"城垣"，而且有城中城，小城内有仓库，两重城寨，建筑结构是排栅、墙垣，开四个城门，设有更鼓楼，驻兵巡逻。马六甲是船队的聚集点，船只分头出发各国进行贸易，最后都要在马六甲汇合，等待季风一起回国。《西洋番国志》记载："中国下西洋船以此地为外府。立排栅墙垣，设四门更鼓楼。内又立重城，盖造库藏完备。大鯮宝船已往占城、爪哇等国，并先鯮暹罗等国回还船只，俱于此国海滨驻泊，一应钱粮皆入库内贮。各船舡并聚，又分鯮次前后诸番买卖以后，忽鲁谟斯等各国事毕回时，其小邦去而回者，先后迟早不过五七日俱各到齐。将各国诸色钱粮通行打点，装封仓储，停候五月中风信已顺，结鯮回还。"[②]

这里称马六甲为"外府"，而在《武备志》中的《郑和航海图记》里有两处"官厂"，一个在满剌加河口对岸，一个在苏门答腊海峡中的一个小岛上。"府"和"厂"都是明朝的行政管理机构。除此之外，在海上丝路上还有"官屿"和"宣慰司"等管理机构，最有名的是旧港宣慰司。这样的管理机构应该持续有军队驻扎，由

① (明) 马欢：《瀛涯胜览》，万明校注，北京：中国旅游出版社，2016年，第38页。

② (明) 巩珍：《西洋番国志·满剌加国篇》，北京：中华书局，1961年，第14—17页。

图2-1-2 "官厂"遗址出土井栏

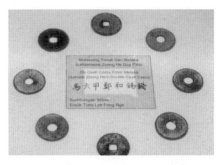
图2-1-3 马六甲锡币（郑和下西洋时期所铸造货币）

中国人管理或由官方指派当地华人管理。如图2-1-2所示为"官厂"遗址出土的井栏，图2-1-3所示为当时铸造的锡币（货币）。

　　15世纪末16世纪初西方殖民者不断往海外探索，并建立起连接东、西半球的航线，建构了覆盖全球的世界贸易网络，开启了世界历史上的大航海时代。欧洲人接踵而至，武力控制了马六甲这一东、西方的贸易命脉，欧洲文化也在这一地区传播。客观上讲，这一时期的"海上丝绸之路"已经不再是传统的贸易与文明交流的道路，它已被融入世界范围内的海洋贸易市场中。这也使得"峇峇、娘惹"族群带有欧洲文化的底色。

## 第二节　海上丝路与"峇峇、娘惹"族群

　　服饰的历史文化是人类历史文明的一个缩影，一个具象且外物化的变现，探究"峇峇、娘惹"服饰的历史起源，首先要分析了解这个族群的起源和历史以及它们所形成的特征。

### 一、"峇峇、娘惹"是谁

　　"峇峇、娘惹"族群是华人血脉的海外延伸，是东南亚众多华人族群中的一个，是华人的次族群。关于"峇峇、娘惹"族群的记

载，学者纽鲍特（T.J.Newbold）曾记述："由于〔中国女人无移民者〕，当时移居华人被迫与其移居地女人通婚，在海峡殖民地即是与马来人或其后裔通婚。因此马来语即成为其家中的常用语，也成为其子女的常用语。"从记述中可以了解到"峇峇、娘惹"是华人移民与马来西亚土著的后代。后代中的男子称为"峇峇"，女子称为"娘惹"。"峇峇（baba）"词源来自"bapa"，是马来人对华人的尊称，后来发展成为马来人对华人的统称。在《道格拉斯闽语字典》中"baba"被解释成来自海峡殖民地的混血华人，陈志明教授则认为"baba"一词来自中东。"娘惹"，是马来语nyonya或nona的音译，意思为"夫人、小姐"。同时这个词也可以追溯到福建闽南话"娘娘"（"avio nia"）这个称呼，今天在闽南地区女孩取名仍然常用"娘"字。

"峇峇、娘惹"主要集中在新加坡、马来西亚和印度尼西亚等地。他们承认自己的华人身份，秉承中国传统文化习俗，糅合当地马来文化和伊斯兰、西方等多元文化，形成独特的混合性文化，在今天全球化语境下，这是文化共生的优质范例。

## 二、"峇峇、娘惹"族群的中国源流

### （一）"峇峇、娘惹"族群的华人血脉

他们的祖先大部分来自中国闽南和广东潮汕地区，他们有自己的语言"峇峇话"，是福建方言与马来话的混合。至唐朝时，海上丝路和陆上丝路均达到前所未有的鼎盛时期，在东南亚诸国已有中国移民的记录，但人数有限，并未形成族群，中国史书上也无详细记载。宋元之后，中国移民逐渐增多。真正的东南亚华人族群在明朝时期逐步形成。明初，爪哇新村和苏门答腊岛的旧港各有数千人的聚居区。随着郑和下西洋带来的经贸繁荣，广州、福建一带的华人也大量到东南亚一带从事贸易或者农垦等工作。清朝末年，大量华人移民"下南洋"，华人数量大量增加。随着华人移民数量的不断增加，其中东南亚的"海峡殖民地"是移民的主要前往地，华人

与当地土著通婚不断增加，最终形成"峇峇、娘惹"族群。

（二）马来传说中的"峇峇、娘惹"族群中国起源

有马来史记载：明朝汉丽宝公主（Puteri Hang Li Poh）与五百随从到达满剌加，嫁苏丹曼苏尔沙（Sultan Mansur Shah）（统治从1456年到1477年）。其五百名随从与当地人通婚而后定居，他们的后裔称为"峇峇、娘惹"。

目前他们主要集中在新加坡、马来西亚的马六甲和槟城（统称海峡殖民地）。他们承认自己的华人身份，秉承中国传统文化习俗，这是这一族群区别于他们所生活的区域内其他族群的主要标识。

### 三、"峇峇、娘惹"族群的形成和发展

唐朝的海上丝绸之路繁盛，东南亚诸国已有中国移民的记录，如前文第25页所述。可见闽粤大批移民移居至苏门答腊等地，这是中国第一次关于东南亚移民有确定历史记载的文献，此时中国移民东南亚的人数较少，并未形成族群。宋元时期，移民逐渐增多，15世纪初，东南亚已经出现中国移民聚居区。阿拉伯旅游家与历史学家依得来西（Edrisi）曾记录华人在"群岛东南亚"国家已有许多长期定居的聚落社区。元代许多中国人在爪哇岛建立移民区，元人周致中撰《异域志》一书中记：爪哇岛北部有华人聚落社区，主要为广东人和闽南人，当地人多驾船来此与华人交易。元代商人汪大渊多次到达"半岛东南亚"和"群岛东南亚"，并著有《岛夷志略》一书详细记录了东南亚的风土人情。

"峇峇、娘惹"族群的产生首先要成为"群"，东南亚华人族群形成始于明朝，盛于清朝。[①]在明朝郑和下西洋之前东南亚未出现大规模中国移民，至明清，有三次这种契机：第一次是明朝的郑和七次下西洋，时间从1405年到1433年，历时28年，舰队随行人数达到上万人，马六甲港口更是这航线中的重要的补给站和基地，借此机会大量的中国人开始涌入东南亚。随郑和下西洋的马欢所著的《瀛涯胜览》中记载，在爪哇地区有杜板、新村、

① 梁明柳、陆松：《峇峇娘惹——东南亚土生华人族群研究》，载《广西民族研究》，2010年第1期，第1页。

苏鲁巴益（Surabaya）的华侨聚居地。关于"峇峇、娘惹"族群的起源—指明朝郑和下西洋后留下的后裔，以及少数早在唐宋时期定居在东南亚的唐人后裔。《马来西亚华人史》中记载："……中国商船均云集港内，每年初春顺西北季风南来，夏季则顺东南季风而返。其时，马六甲华侨大都来自闽省，男女顶结髻，习俗同中国，全城房屋，悉仿中国式，俨然为海外中国城市。"[2] 第二次契机为明末清初，中国大量政治难民为避难而移民至东南亚。最后一次为19世纪清朝末年国内政局动荡，大量华人"下南洋"。前两次移民数量的大幅度增加，为"峇峇、娘惹"族群奠定了人群数量基础。

② 宋哲美：《马来西亚华人史》，香港中华文化事业公司，1964年，第51页。

　　除了人群数量的积累，一方面，明清的海禁政策阻断了他们如同候鸟般的海洋贸易活动，迫使大量华人滞留东南亚。故可以推断"峇峇、娘惹"族群约形成于17世纪的明末清初。另一方面，在马六甲地区通过家族史，"峇峇、娘惹"族群也可以追溯到17世纪。最后一次大规模移民为"峇峇、娘惹"族群补充了新鲜血液。随着华人移民的不断增加，与当地土著女性通婚繁衍后代的现象也不断增多，最终形成"峇峇、娘惹"族群。如果说中国的海禁政策将海洋族群的破浪男儿滞留在了东南亚地区，那欧洲殖民者的东来，则将东南亚纳入全球化的大市场中。中国人凭借自己的智慧和力量，在跨文化贸易中如鱼得水，最终中国海洋族群在东南亚形成"子族群"，"峇峇、娘惹"族群正是这些"子族群"中的一个。

　　"峇峇、娘惹"族群在各个行业表现勤勉、刻苦耐劳，他们中的许多人完成了最初的资本积累，成为当地富裕阶层。1511年葡萄牙开始殖民统治这片区域，随后荷兰、英国都曾殖民统治这一区域，直到1826年英荷签署协议，将新加坡、马来西亚的马六甲和槟城划归英国殖民地，又称为"海峡殖民地"。在英国殖民统治期间，"峇峇、娘惹"进入政治领域，他们成了在当地非常有影响力的团体，也被称为"国王的华人"。至此，"峇峇、娘惹"族群迎来了他们的黄金时代（19世纪中期至20世纪上半叶）。此后受第二次世界大战、世界格局的变化以及马来民族主义出现的影响，"峇峇、娘惹"族群逐渐淡出主流社会，时至今日，"峇峇、娘惹"的文化更加没落和边缘化。

从"峇峇、娘惹"族群的发展历程可以发现，"峇峇、娘惹"族群与中国血脉相连，族群植根于中华文化的土壤中，具有鲜明的中国印记。

### 四、"峇峇、娘惹"族群的特征

#### （一）华人血脉、中国习俗

"峇峇、娘惹"族群植根于中华文化的土壤中，同时也积极融合当地的土著文化以及后来的西方殖民者文化。19世纪以前他们受中国儒学影响深远，"遵祖先、重孝道"，生活伦理和礼仪都恪守儒家的"仁、义、礼"。19世纪后期西方殖民者进入这片区域，西方思想开始对"峇峇、娘惹"产生影响，并逐渐成为这一地区的先进文化代表，中国传统的思想和文化在礼仪以及形式上得到保留。婚、丧、嫁、娶是他们非常注重的，他们在这方面保留了大量的华人传统习俗，他们有自己的语言"峇峇话"，是福建方言与马来话的混合。"峇峇、娘惹"的家庭制度实为华人父系制度与马来人父母系制度的混合形态，秉承中国"男主外，女主内"的传统习俗，娘惹们如同中国古代的大家闺秀，平时大多待在家中"习女红、做美食"，女红（刺绣、珠绣）、美食（娘惹菜）的好坏更是族群社会评判娘惹是否优秀的主要参照。

#### （二）多元宗教信仰

宗教信仰上，"峇峇、娘惹"族群早期的信仰以道教和佛教为主，具有开拓和顽强拼搏精神的"齐天大圣"、神通广大的"八仙"在这一族群中更受崇拜，笔者在实地调研过程中，随处可以见到这些崇拜对象的身影。尤其是在街边随处可见"齐天大圣"的龛位。他们信仰和崇拜具有开拓和顽强拼搏精神的"齐天大圣"，这与这一族群的内在精神相吻合。后期，他们也受在地文化的影响，马来神也是他们崇拜的对象。部分"峇峇、娘惹"信仰伊斯兰教，后来受西方殖民者的影响开始信仰基督教。

（三）"峇峇、娘惹"承袭中式婚丧嫁娶风俗与服饰形制

"峇峇、娘惹"的婚丧礼服以及风俗基本与明清时期中国南方闽粤地区风俗一致。"峇峇、娘惹"婚礼习俗长达12天，包括合生辰八字、纳彩、祭祖、叩拜长辈、敬茶、梳头、迎亲、回娘家等中国传统婚嫁礼仪。娘惹头戴凤冠，身着云肩，下装为马面裙，脚穿珠绣鞋。这都是中国特有的服装样式。娘惹婚礼服的主要装饰手法为刺绣，最为常见的是平绣、珠绣、打籽绣，以及闽南地区的金苍绣。"峇峇、娘惹"的丧事也传承了中国传统——"披麻戴孝"、守灵、扶灵等风俗，仪式与中国南方各省几乎一致。

## 五、"峇峇、娘惹"服饰的形成

"峇峇、娘惹"服饰的起源、发展是与族群的起源、发展一脉相承的，故可以推断娘惹服饰约形成于明末清初。娘惹是华人与马来土著女子的后代，而且平时也是秉持中国"男主外，女主内"的传统生活习俗，早期娘惹们的服饰多承袭母亲——马来人的传统服饰。但是早期娘惹的服饰有着很浓的中式意蕴，究其原因，可能是中国服饰文化在族群形成之前就已经在这片土地生根，并被这里的马来人接纳。早期中国服饰文化对这一地区产生影响，一方面是官方赐服，中国史书中曾多次记载颁赐冠服给这一地区的各王朝；另一方面是经由海上丝绸之路的"朝贡"贸易，大量的中国丝绸制品和瓷器等流入这一地区。

"三佛齐国：其俗与爪哇大同。……其交易用中国历代钱及布帛。"

"满剌加国：……（永乐初诏赐头目双台银印冠带袍服，名满剌加国。暹罗遂不复扰云。）"[①]

中国与这一地区有着长期的贸易往来，文献中也反映当地把中国丝织品作为货币，可见当时中国丝绸在当地流传程度非常高。至

① （明）黄省曾著，谢方校注：《西洋朝贡典录》，北京：中华书局，1982年，第33-37页。

欧洲殖民者到来之前，中国文化对东南亚的影响是处于先进文化的输出地位。受中国当时（明末清初）服饰文化深远影响，结合当地马来文化，形成了带有强烈的中式意蕴的娘惹服饰。这时期的娘惹服饰相对比较简朴、保守，还未形成自己独有的服饰风格。娘惹所穿着的服装样式并不仅仅在娘惹中流行，也深受这一地区马来人的喜爱。

欧洲殖民统治以来，这一地区开始受西方文化以及工业革命的影响，娘惹服饰逐渐发生变化，具体表现为造型由保守的宽大扁平逐渐变得立体修身，以凸显女性的身材美。例如娘惹上衣长衫逐渐变短，并且开始收腰，强调女性的胸、腰、臀的曲线美。至英国海峡殖民地时期，娘惹服饰样式特征更加显著，外观有别于当地的其他族群服饰，且以中国文化为母体形成了自己的服饰文化与形制。娘惹服饰整体风格隆重典雅，且呈现多元化的特点，集中国文化、马来文化、海洋文化、西方文化于一体。这时期的娘惹服饰整体采用上衣下裙形制，脚穿珠绣鞋，戴配饰，有常服和礼服之分。此外，欧洲工业革命使得娘惹服饰材料也开始产生变化，一种称为"rubia"的薄纱材料进入这一地区，用它制作的长衫更加清凉，且将娘惹的身材若隐若现展露出来。而蕾丝花边、玻璃珠等工业革命的产物也开始在娘惹服饰中使用。

19世纪后期西方殖民者进入这片区域，西方思想开始对"峇峇、娘惹"产生影响，并逐渐成为这一地区的先进文化代表。

### 六、造物动力——娘惹服饰的形成要素及文化内涵

#### （一）移民背后的中华情结和开拓精神

"峇峇、娘惹"这一族群的先民是一批批华人移民，他们是华人与当地土著通婚的后代，承认自己的华人血统，且很好地传承了中国传统文化以及风俗习惯。这就反映出作为海外移民及其后代，他们对自己祖先的原住地有依恋心理，即浓浓的中华情结。此外，原住地与新驻地之间文化、经济、地理环境等差异的影响，以

及与原住民的矛盾，使得华人移民加深了对母文化——中华文化的依恋，中华文化同样也是他们心灵上的慰藉。执着的"中华情结"和坚定的"文化自信"是娘惹特色服饰形成的重要原因之一。此外，女红（中国传统刺绣和珠绣）是社会评价娘惹的重要标准，这种对传统手工艺的认同和传承，也使得娘惹服饰带有标识性的中国意味。

海外求生存的先民们，本身就具有很强的开拓精神，他们不断进取，从社会最底层奋斗成为当地显赫一时的贵族阶层，除了自身的文化自信以外，更多的是他们的精神力量。娘惹服饰也是这种开拓精神的体现。娘惹服饰打破中国传统服饰文化的等级制度，娘惹们都穿娘惹装（"可巴雅"），材料也都几近相同，图案纹样上更少有等级区别，无龙凤等忌讳图案，服饰色彩斑斓，色彩与礼制、等级规范无关。

（二）中、西、在地文化的融合

"峇峇、娘惹"族群生活在东南亚这样一个多元文化的地区，这里有在地的马来文化、伊斯兰文化、西方殖民文化等，中国传统文化与其他文化不断地接触、碰撞、融合、发展，形成了新的文化。此外自然与人文环境、生活方式、价值取向等的变化也使得传统文化发生了变化，"峇峇、娘惹"族群先民不得不将自身的传统服饰文化做出调整和改变，积极吸收土著文化和强势介入的西方文化。

娘惹服饰文化首先受中国传统文化影响最大，其次是在地土著文化。然而东南亚土著文化也受中国文化影响深远，东南亚许多国家的传统服饰都与中国传统服装有着千丝万缕的联系，中国传统的服饰文化对东南亚许多民族的服饰产生过广泛的影响，娘惹服饰文化是中国传统文化与在地文化的再融合。

16世纪后东南亚各国沦为欧洲各强国的殖民地和保护地，西方文化开始影响这一地区。18世纪与19世纪之后西欧各国工业化迅速发展，西方文化成为先进文化的代表，它对这一地区的影响力逐步加强。西方的工业化和文化促使娘惹服饰也发生了改变，这背后是审美的改变，西方追求女性形体美，追求服饰展示女性的曲线美感。娘惹们将西方工业革命的产物——材料"Rubia"、装饰的花边和蕾丝、绣珠用的小珠子等，用作制作娘惹可巴雅的材料，这是娘惹们主动向先进文化靠近而做出的调整和改变。

在娘惹服饰中我们能看到海外华人对原有主体文化的坚持，也有基于实际情况对所在地土著文化的融合，更有后来对代表更先进的西方工业化文化的吸收，正是华人的这种学习才造就了别具特色的娘惹服饰。

（三）族群的认同

"我们所称的族群是那样一些人类群体。它的成员因为相似的体质类型或者风俗或者二者皆有，或者由于有关殖民和移民的记忆，而在主观上相信他们拥有共同的世系；这种信念对于族群形成的培育意义重大，然而，它并不关心客观的血缘关系是否存在。""峇峇人并不与马来人认同，而以华人自居。"[①] "华人血统"是"峇峇、娘惹"族群认同的根基所在，中华文化是该族群的内在凝聚力。"峇峇、娘惹"从语言、服装、宗教信仰、生活风俗等都以中国为母体，但却不是简单地复制，它是一种融合。我们可以将"峇峇、娘惹"文化看作是中华文化在海外生根发芽的一个子文化。

（四）全球政治格局变化对娘惹服饰的影响

全球政治格局的变化是"峇峇、娘惹"族群由兴盛转向没落的主要原因，"峇峇、娘惹"族群因英国海峡殖民地时期的特殊政治管理地位而备受瞩目。"峇峇、娘惹"强大的经济实力和独特的政治地位，以及较高的当地声望，促使娘惹服饰在这一时期达到了奢华的极致，珠绣、金线绣、大量的金银珠宝首饰，无不展示着自己的经济能力，更是作为华人区别于其他阶层的一种夸张的优越感表达。随着马来西亚地区独立运动的开展，马来文化作为主流回归，"峇峇、娘惹"族群失去了原有的政治地位，经济上也不再占据绝

① 云惟利:《新加坡社会和语言》，载《南洋中华文学与文化学校》，1996年，第212页。

对优势，"峇峇、娘惹"文化也越来越弱，娘惹服饰也逐渐淡出公众的视野。

## 第三节 "峇峇、娘惹"族群的服饰概况与中国风俗文化

"峇峇、娘惹"族群的传统服饰在形制上继承中国上衣下裳制，样式上更是一脉相承。"峇峇、娘惹"族群传统服饰的构成品类有服装和配饰两大类，服装主要有上衣和下装，配饰主要是指除了服装之外与服饰相关的所有物品。主要包括：头饰、颈饰、胸针、腰链、手脚腕饰、手帕、鞋帽等。"峇峇、娘惹"族群生活的区域气温温差变化不大，服装的季节性差异较小。按年龄、性别、功能、材料等更为细化分类，结合社会环境的变迁、时尚风格、审美等诸多因素的影响，经过不断的发展和完善，形成自己独有的形制。

"峇峇、娘惹"族群的服饰一直在不断地变化，本书着重研究的是族群形成后的17至20世纪的服饰。

### 一、儿童服装形象与风俗

#### （一）"峇峇、娘惹"族群新生风俗——庆满月

"峇峇、娘惹"家庭受中国传统文化影响，非常注重新生儿的出生。新生儿的出生是家庭的幸福时刻，是家族的血脉延续，尤其是男孩的出生，因为在传统观念中他们将成为家族姓氏的继承人。新生儿满月会举行庆祝仪式，人们会为新生婴儿进行第一次理发、剪指甲，并为他们准备很多礼物，主要是衣服、首饰（通常是护身符）等。

婴儿会穿着布腰带，如图2-3-1所示，布腰带缠绕婴儿的肚脐腰部，认为可以防风，布腰带的材料通常来自母亲或家里其他女性的旧衣物。孩子稍大一些会穿着肚兜，肚兜造型有三角形的，如图2-3-2所示，也有椭圆形的。

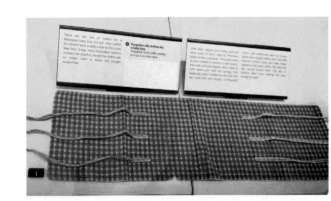

图 2-3-1　婴儿布腰带

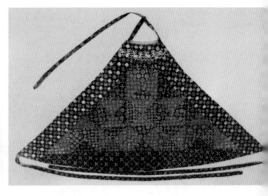

图 2-3-2　婴儿肚兜

### （二）男童服饰

"峇峇、娘惹"族群的男童传统服饰形制和样式基本上完全承袭父亲血脉根源——中国传统服饰，与同一时期中国闽南地区的男童服饰别无二致，上装有斜襟衣和对襟衣（如图 2-3-3 所示），内穿肚兜；下装穿着长裤；脚穿厚底绣花鞋。除此之外，还有其他服装和配饰：长衫、瓜皮帽、坎肩、项链护身符

图 2-3-3　穿对襟衣的峇峇男童（左一、左二）

等，如图2-3-4所示。在节日或重要场合时会穿着礼服，通常为带精美刺绣的长衫、马褂，头戴帽。19世纪，在婚礼等最为隆重的场合，"峇峇、娘惹"族群的男童还会穿着类似于清朝的官服，如图2-3-5所示。

### （三）女童服饰

一般来说，"峇峇、娘惹"族群的女童，又称"小娘惹"，她们所穿着的传统服装基本承袭母亲的服装，为小版的娘惹装。早期上装穿长款可巴雅，如图2-3-6所示；后期上装穿短款可巴雅，下装穿"纱笼"（"sarong"），脚穿珠绣拖鞋。在节日或重要场合时会穿着礼服，上装为斜襟衣、马褂，下装为马面裙或裤装，服装上通常装饰精美的刺绣，头戴华丽的冠帽，冠帽上装饰中国吉祥图案，珠绣流苏装饰额前，如图2-3-7、图2-3-8所示。有时会搭配精美的云肩，同时佩戴护身符及大量其他首饰。

图2-3-4　戴帽和护身符的峇峇男童　　图2-3-5　穿类似清朝官服的峇峇男童

图2-3-6　穿长款可巴雅的小娘惹（左一）　　图2-3-7　礼服形象的小娘惹　　图2-3-8　小娘惹发饰

## 二、峇峇——男性服饰概貌

早期的"峇峇"主要是闽粤地区的移民，他们的日常穿着基本延续中国闽南地区的服装样式和习惯。上装着对襟衫、斜襟衫、长衫马褂，有立领和无领两种样式；下装着中式裤，为大腰、宽裤脚样式；头戴小圆帽，早期还会留长辫，这大都保留了中国传统服饰风格，如图2-3-9所示。

18和19世纪"峇峇"大多接受英文教育，主要从事洋行、银行和贸易的买办，在与欧洲商人和政府官员的交往中，受西方文化影响，着装逐渐西化，如图2-3-10所示。19世纪后以海峡殖民地

图2-3-9　穿中式服装的"峇峇"

图 2-3-10　穿西式服装的"峇峇"

的确立为标志，西方文化成为当地先进文化的代表，"峇峇"服装更为西化。老年的"峇峇"仍然喜欢穿着中国样式风格的服装——宽衣大衫，年轻的"峇峇"则趋于西化——西装革履，但在日常生活中也会穿着马来"纱笼"。

### 三、娘惹——女性服饰概貌

娘惹的服饰相较于峇峇的服饰更加具有特色，更加丰富和注重装饰，且集多元文化于一身，以中国文化为底蕴，兼容马来、西方、伊斯兰等文化元素。娘惹传统服饰的特点是：上穿可巴雅（"kebaya"），下穿"纱笼"，脚穿拖鞋，佩戴胸针固定上衣门襟。娘惹可巴雅是极具代表性的服装样式，是"峇峇、娘惹"文化的视觉外化表达，主要有一长一短两种样式，分别是长款可巴雅和短款可巴雅，长款可巴雅又称"长衫"（"baju panjang"）。娘惹未成年时通常梳两侧丫髻或头顶椎髻，如图2-3-11所示，已婚后梳头顶椎髻，并簪"丘丘克"发簪（"Cucuk Sanggul"）。娘惹身上还会佩戴大量的珠宝首饰，如体量硕大的项链、胸牌（项链胸牌上镶嵌各种珍珠、宝石），夸张的耳坠、腕饰、发饰。娘惹的珠绣拖鞋更是"峇峇、娘惹"文化中的一朵耀眼的奇葩，它的精美华丽令人瞩目。

　　娘惹服饰发展到后期，有老年娘惹装和青年娘惹装的区别，通常老年娘惹穿着长款可巴雅，色彩沉稳，如图2-3-12所示；年轻的娘惹喜欢穿着短款可巴雅，色彩鲜亮。娘惹服装有常服、礼服之分，常服相对简洁，礼服主要为婚礼服和丧服，它们基本延续中国传统婚丧服装形制与样式。图2-3-13是由广东籍摄影师W.Jones在

图2-3-11　梳两侧丫髻小娘惹　　　　　图2-3-12　老年娘惹装

图2-3-13　19世纪末"峇峇、娘惹"服饰形象

槟城所拍摄的定制照片（明胶银盐工艺），反映出当时"峇峇、娘惹"的服饰样式。

### 四、"峇峇、娘惹"族群婚丧嫁娶礼俗中的服饰

#### （一）婚嫁礼俗

婚嫁通常被视为人生重大转折，婚嫁礼俗也因此被认为是人生中最重要的礼俗之一。中国古代婚姻礼仪讲究"六礼"，即纳彩、问名、纳吉、纳征、请期、亲迎。这一仪式礼俗在周代即已确立。最早见于《礼记·昏义》，历经几千年，这一礼俗也被带到了"峇峇、娘惹"生活的东南亚地区。19世纪末20世纪初"峇峇、娘惹"举行婚礼遵循中国传统婚礼——"三书六礼"婚姻礼仪，时间长达12天。12自古以来是中国的吉祥数，寓意着圆满与祥和，婚俗秉承中国传统，不仅隆重而且讲究甚多。其中第一天（婚礼当天）、第三天（回娘家）和第12天（同房礼）的婚礼习俗最具象征性。在婚礼的各项仪式中必须小心遵循各种禁忌，邀请神灵、祖宗和长辈见证，其主要礼仪程序如下。

##### 1. 纳彩仪式

纳彩是指土生华人习俗中新郎和新娘的家庭在婚礼前相互交换结婚礼物的仪式。举行纳彩的日子必须是由两家共同挑选的良辰吉日。

第二次世界大战之前，纳彩仪式都非常隆重。负责送礼者、唢呐（"seronee"，一种管乐器）演奏者和亲属会结队而至，共同参加这个象征两家结合的仪式。所有礼物都经过精挑细选，然后在良辰吉时从新郎家送到新娘家，通常会使用中国式的竹篮盛放各种物品，如图2-3-14所示。抵达后，礼物会一溜摆开，新娘家会收取某些礼物，并加入要送给新郎家的回礼，与未收下的礼物一同送回新郎家。礼物一般放在黄铜或铜制托盘、漆篮或特别定制的礼盒中，并用蜡染布、刺绣和红色剪纸进行装饰。土生华人对礼物的呈摆和交换方式极其看重，每个细节都务求尽善尽美并引以为豪。

图 2-3-14　纳彩所用的竹篮

图 2-3-15　纳彩中的各种礼物

除了一些必备物品，每家每户准备的礼物都各不相同。此外，新加坡、马六甲、槟城和印度尼西亚各地的风俗也略有不同。一般而言，纳彩仪式的礼物须包括一条猪腿、多种吉祥水果、成双成对的红蜡烛、一个内装聘金（"wang tetek"）的红包、珠宝和衣物等，如图 2-3-15 所示。礼物的实际价值不一定很高，但都具有很重要的象征意义，而且双方都严格遵循送礼的各种礼节，如礼物该如何呈摆、哪些该收、哪些该回赠，以及如何进行交换等。

纳彩作为婚庆习俗迄今仍在一些土生华人家庭被沿用，但之前大富人家的那种铺张规模现在已很少看到。

2. 梳头仪式

在"峇峇、娘惹"为期12天的婚礼庆典中，梳头被视为最为重要的仪式。在中国传统观念里，成年和婚姻密不可分，一个人只有在结婚后才意味着成年。因此，梳头实际上也是新郎、新娘的成人礼，这一仪式的完成意味着他们从此步入成人时代。这一仪式一般在12天婚礼庆典中的第一天，而且一定是这一天的良辰吉时。

仪式在新娘、新郎家中分别进行，届时，新人必须坐在仪式用的一个大竹盘中的米斗上，如图 2-3-16 所示。米斗的开口端代表着女性，底部封口端代表着男性，因此新郎是坐在倒置过来的米斗上，而新娘则是坐在正向放置的米斗上。除此之外，新郎面向屋内而坐，新娘面向屋外而坐，这表示新娘将离开自己的家，嫁入夫家。仪式过程中，一对新人会被告知对于神灵、祖先、父母和未来子女应尽的义务和责任，因此意义非凡。梳头仪式中需要用到的物品有通书、迷你秤、金属尺、剪刀、剃刀、镜子、梳子和一段4米长的红丝线，这些物品代表着成年人应具备的重要品德和他们在未来生活中必须承担的责任和义务。例如秤代表着一个人必须仔细掂量自己的言行举止。物品会在他们头上一一扫过，并模拟正在梳头的动作，故名"梳头"仪式。此外，仪式中还会用到龙船花和青葱，祈求好运和长寿。

3. 敬茶仪式

在长达12天的婚礼庆典中，敬茶是唯一一项迄今仍为大多数土生华人所奉行的习俗。这项仪式是在婚礼的第3天，分别在新郎和新娘两家举行。届时，身着结婚礼服的新人会先敬拜天公（也即玉帝）、家神和祖先，然后为一对扶手椅祈福，方法是将双手放在椅子上方，以顺时针方向绕圈。因为接下来，家中长辈会坐在这两张椅子上，接受新人向他们敬茶。

两张扶手椅有时会披上饰有吉祥颜色与图案的精美中国绣品。盛茶的容器一般是瓷质或银质茶杯，如图2-3-17所示，有时也会出现请槟榔盒作为"见证人"的做法。槟榔盒被"峇峇、娘惹"们

图2-3-16　梳头仪式场合和物品

图2-3-17　敬茶时用的瓷器

视为家里的神圣物品，被认为具有强大的驱邪护身能力，能令婚姻得到承认，并净化举行仪式的场所。

敬茶时，男性长辈与其配偶会按照"男左女右"的传统习俗坐在扶手椅上。此外，长辈们会以年资深浅依次接受敬茶，最年长者排在最前面，其间会以华人的喜乐（"seronee"）渲染气氛。敬茶后，长辈会向新人赠送礼物表示祝福。

4. 迎亲仪式

在长达12天的土生华人婚礼中，迎亲仪式通常在第3天举行。当天，新郎、新娘会先向新娘家的神灵、祖先和长辈行礼，然后在盛大的迎亲队伍的护送下，前往新郎家行礼。传统上，新人会从新娘家出发，象征性地走完一小段路后就乘坐轿子前往新郎家。在临近新郎家处，迎亲队伍会重新组成浩浩荡荡的队伍步行入屋。20世纪初，这类由雇用轿夫抬着的轿子被汽车取代。

迎亲时，新人通常会由雇来的博亚人（见第一章第四节名词释义）陪同。他们会提着写有两家姓氏的灯笼，举起挂有吉祥红布的新鲜竹枝，并为新人撑起一对刺绣阳伞。富裕家庭有时还会聘请护卫为迎亲队伍开道，同时保护披金戴银的新人和来宾。新人的亲朋好友也会加入迎亲队伍。为讨个吉利，加入迎亲队伍的夫妇（特别是育有很多男孩的夫妇）越多越好。

在新加坡和马六甲的土生华人婚礼中，新人身边通常站有男女傧相（见第一章第四节名词释义）各一位，但在槟城的婚俗中，男女傧相则各有两位。而且，新人的婚服、首饰和头饰也会因地区不同而有所差异。

迎亲队伍所要传达的概念是"raja sehari"，亦即"一日之王"，这是土生华人在婚礼中所采纳的一项本地习俗，旨在让新人在当天享有如皇族般的待遇。中国也有类似的习俗，明末至今，男子娶妻俗称"小登科"。也有平民新娘做"一日命妇"的习俗，新郎可以穿九品官服，新娘可以用九品命妇之服。

迎亲队伍中还有四名娘惹，她们代表的是一对新人的近亲。亲

图 2-3-18　迎亲队伍中娘惹们所着的"纱笼"　　图 2-3-19　婚礼举灯笼模拟场景

戚的代表人数有时可高达50人甚至更多，从而令整个迎亲队伍显得更加浩浩荡荡。娘惹们都会穿上特别制作的长衫和"纱笼"盛装出席，如图2-3-18所示。参加婚礼的宾客通常会是丈夫健在、最好育有多名儿子的已婚女性，因为传统观念中她们的到来能为婚礼增添吉祥的气息。

"陪嫁婆"（"Sang Khek Umm"）即婚庆典礼的喜娘。她在迎亲队伍中一般站在新娘后面，负责提醒身着盛装、佩戴厚重首饰的新娘如何行走，脸上该有什么样的表情，以及双手该放在哪里等。"陪嫁郎"（"Pak Chinkdek"）是"陪嫁婆"的搭档，他的任务是伺候新郎。在新加坡，这个角色一般由马来男子担任。

5. 新婚夫妇、男女侍童与"Pak Boyen"

新婚夫妇位于迎亲队伍的中间被众人环绕，新人两侧各站男女侍童，男女侍童所穿的衣服则是新郎、新娘的迷你版。

队伍的最前方是两位举灯笼的人，称为"Pak Boyen"（音译：博延先生），如图2-3-19所示。他们的任务是举起标有两家姓氏的灯笼，向众人宣布两家通过联姻合二为一。该角色一般由博亚人担任。每逢这样的场合，人们会聘请他们帮忙举灯笼、扛幔帐。

婚礼用品基本以大红色调为主，搭配橙色、黄色、金色等，是

图2-3-20 "峇峇、娘惹"婚礼服饰

中国传统婚庆专用色系，婚礼用品上还会装饰寓意婚姻美满的中国传统图案，如"龙凤呈祥""鸳鸯戏水""凤穿牡丹""花开富贵"等。与中国婚礼一样讲究"好事成双"，婚礼用品都是成双成对。

6. 第12天（"Duabelas Hari"）

第12天，新婚夫妇会先在新郎家中拜见神明、祖先与新郎的父母。新郎家会将装有椰浆饭（"nasi lemak"）和各色辣味小菜的篮子送到新娘家中。新郎、新娘会尾随其后，然后两家人在长桌（"tok panjang"）上共同享用椰浆饭。据一些土生华人家庭回忆，在这样的场合，有时会准备多至24道菜。

（二）婚嫁礼俗中的服饰

"峇峇、娘惹"婚礼中服装的重头戏是这对新人的服装。婚礼的第一天"峇峇、娘惹"都盛装出席、祭拜祖先、宴请宾客，他们所穿服装与中国传统婚礼一样以红色为主，如图2-3-20所示。早期新郎通常穿"官袍"，"娘惹"新娘礼服喜欢重工刺绣礼服，礼服通常使用丝绸作为底料，用丝线或金线绣出吉祥寓意的图案，如成双成对的凤凰、牡丹、蝴蝶等。

第三天是"娘惹"回娘家举行敬茶仪式，娘惹着长衫，回家的第一件事便是开祠堂行祭祖礼。

1. 凤冠霞帔

凤冠霞帔是指古代贵族女子和受朝廷诰封的命妇的装束，是女子着装的最高等级；也是旧时女子出嫁时的装束，以示荣耀。凤冠霞帔不是衣服，只是配饰，实际指的是两件东西：凤冠和霞帔。

凤冠指的是古代贵族妇女头上所戴的礼冠，凤冠因以凤凰点缀而得名。明清时一般女子盛饰所用彩冠也称作凤冠，多用于婚礼。随品级不同，所佩戴的凤冠也不同。

霞帔指的是古代妇女的一种披肩装饰，也指从肩上披到胸前的彩带。多数由锦缎制作而成，装饰了各式花纹，两端呈现三角形，在彩带底部悬挂着用金或玉石制作的坠子。娘惹的霞帔多为"云肩"样式。

### 2. "带乌巾"习俗

娘惹文化中保留了部分封建的儒家思想，娘惹遵循古代女子的"三从四德"，遵从"男主外，女主内"的思想，未出阁女子更是不能随便外出，同中国古代的大家闺秀一样。大部分"峇峇、娘惹"的原籍是福建或广东潮汕地区，因此，受儒家思想影响的娘惹中式婚礼有着浓厚的闽南婚俗特色。与闽南地区的盖头习俗相同，娘惹出嫁时的盖头是由黑色蕾丝和红色布匹组成，称为"乌巾"。据《礼仪注疏》和《仪礼·士昏礼》记载，女子出嫁戴"乌巾"的习俗最早可追溯到周代。在《论语注疏》中有"丧主素，吉主玄"[①]的说法，中国古人认为黑色是大吉之意，有辟邪的作用。父母为出嫁的娘惹披上"乌巾"，以此表示新娘离开父母的感伤，且乌巾上的黑色寓意着能驱逐妖魔鬼怪等不吉利的事物，头顶的小红布则代表父母给新娘的祝福。

### 3. "回娘家"穿着习俗

第三天是娘惹回娘家的一天，回娘家不穿结婚当天的衣服，所穿的衣服必须是男方家里准备的第一件比较正式的衣服。通常娘惹会换上由丝绸锦缎制成的长袍，长袍有时配以兔毛装饰，寓意多子多孙、人丁兴旺。酒红色、樱桃红或宝石红色的长袍常以牡丹纹样装饰，牡丹是雍容典雅、富贵荣华的象征。娘惹回娘家穿着的长袍也常与金线编织而成的"宋吉"（"Songket"）搭配。

"宋吉"是用手工纺织的丝绸或棉布，以金银线在丝绸棉线的经纬线之间混纺而成。这种闪闪发光的金线编织工艺繁复，属于马

① （三国魏）何晏，（北宋）邢昺：《论语注疏》，北京：中国致公出版社，2016年，第151页。

① (春秋)《论语·为政篇》第三章。

图2-3-21　麻衣

来西亚和印度尼西亚的特色纺织品。

**（三）丧葬礼俗中的服饰**

华人传统观念认为"百善孝为先"，注重孝道，尊敬父母，要做到"生，事之以礼，死，葬之以礼，祭之以礼"。① 为逝去的父母举办隆重而合乎礼仪的葬礼，是华人孝行的重要表现之一，也是表达对祖先的崇拜和敬重。"峇峇、娘惹"延续中国传统丧葬礼俗，"披麻戴孝、服丧三年"，儿媳妇必须多服丧4个月，作为娘家接受聘礼的象征性回报。

守夜和丧礼期间，家庭成员会穿着麻衣（"belachu"），如图2-3-21所示，葬礼后的第一年会穿着黑色（深蓝）的衣服，随着丧期时间变化，服装颜色由黑色到蓝色再到绿色，最后变成蓝、绿底色上点缀较浅的黄色、橙色或粉色。服丧期结束时，娘惹会在发际佩戴红色的龙船花，并在家里的大门上悬挂一块红布"Chye Kee"（财气）。守孝期间，娘惹禁止佩戴黄金首饰，只能佩戴珍珠和银饰。

逝者会穿结婚时所穿的婚服（"峇峇、娘惹"会一直保留自己的婚服）。逝者也会穿好几套衣服，一般为奇数。

# 东南亚传统服饰"可巴雅"的中国起源

"可巴雅"（"kebaya"）是海上丝路上典型的服装样式之一，又称"哥巴雅"或"可峇雅"，是马来语"kebaya"的音译，它是印度尼西亚群岛和马来半岛女性所穿着的传统上衣外套，通常内搭衣服，下装着"纱笼"。"可巴雅"在不同的地区和族群中呈现不同的样式特征，有印度尼西亚的日惹、马都拉、廖内"可巴雅"，马来西亚的哥打巴鲁"可巴雅"以及娘惹"可巴雅"等多种样式。"可巴雅"早期为长衫样式，称为长款"可巴雅"（"baju pan-jang"）；后来受西方殖民文化影响衣长逐渐变短，称为短款"可巴雅"。

关于"可巴雅"的起源至今没有定论。但是在16世纪的爪哇岛，"可巴雅"是象征神圣的服装，只能由爪哇王室成员穿着。[①] 笔者在沿海上丝绸之路实地考察时发现，长款"可巴雅"的外观中式意蕴强烈，从而提出研究问题——"可巴雅"是否起源于中国？它具体是受中国哪一种服装样式的影响？

## 一、"可巴雅"不是当地民族的服装样式

### （一）当地人"赤裸身体"的习俗

"可巴雅"虽是这一地区的传统服装，但却不是源自当地民族的服装样式。首先这一地区属于热带季风气候，常年湿热，全年高温，降水丰富。这样的地域环境和气候使得当地民族有赤裸身体的习惯。当地人认为身体本身即是艺术品，他们把人体本身作为重要的艺术载体，是否装饰身体是区分人和动物，以及人类是否成年的重要标志。凿齿、染齿、耳垂穿孔拉伸、文身等都是这一地区常见的装饰人体手段。至少到14世纪，这类装饰身体的方法还非常盛行。这一地区发展到贸易时代，受到中国儒学思想、伊斯兰教和基督教的影响，这种赤裸展示自己装饰的身体的行为习惯才慢慢发生改变。当地人在儿童阶段一般是光着身子，不穿任何衣服，仅在大腿和肚脐之间系上一块布兜，遮蔽生殖器，长大后男人和女人的基

① [印尼]赖圆如:《从"可巴雅"（Kebaya）谈印度尼西亚的服饰文化》，载《艺术设计研究》，2007年第2期，第43页。

本服装是用一条未经缝制的布，围裹身体，可以是一圈或数圈。受外来文化的影响，主要是伊斯兰教传入该地区后，女性有时会把布块向上提至腋下，遮盖乳房。

在欧洲、中国、西亚的文献中都有对本地女子"赤裸身体"的记载。在伊斯兰教传来之前的爪哇、18世纪之前的暹罗，甚至更近代时期的柬埔寨、巴厘岛和龙目岛等地，妇女们除了披挂"纱笼"外，还佩戴一条宽松的披肩。披肩通常松松地搭在乳房上，两端吊系在肩膀上，如图3-1-1所示。② 随着伊斯兰教的传入，爪哇妇女似乎越来越多地采用另一种服饰，该款式也同样见于古印度，即用一条窄长的布条紧裹胸部，压迫着乳房，如图3-1-2所示。③ 可见，当地女性在伊斯兰教传来之前上身几乎赤裸。"赤裸身体"的现象甚至在20世纪40年代的巴厘岛女性中仍然存在，如图3-1-3所示。这是一张拍摄于1928年的照片，记录的是当时巴厘女性的日常活动，这时的女性赤裸上身，"袒胸露乳"，下身穿着束腰"纱笼"。"可巴雅"作为外衫，并不是因这里的气候和自然环境而产生的本地服装样式，而是"舶来品"。上述文献中记载伊斯兰教的传播使这一地区女性改变了"赤裸上身"的习惯，13世纪后伊斯兰文化才传播到这一地区，由此可以推断："可巴雅"应该是在13世纪以后出现的外来服装样式。

② Pigeaud, Th. G. Th. 1962. *Java in the Fourteenth Century: A Study in Cultural History*, vol IV: Commentaries and Recapitulations. The Hague, Nijihoff for KITLV; L a Loubere, Simon de 1691. *A New Historical Relation of the Kingdom of Siam*. London, Tho. Home, 1693. Reprinted Kuala Lumpur, OUP, 1969; Zollinger, H. 1847 *"The Island of Lombok"* (trans. from TNI 1874). *Journal of the Indian Archipelago and Eastern Asia* 5(1851), p323-334.

③ Verhael 1597. *"Verhael vande Reyse by de Hollandtsche Schepen gedaen naer Ooost-Indien"*, in De Eerste Schipvaart der Nederlanders naar Oos-Indieonder Cornelis de Houtman, 1595-1597, ed. G. P. Rouffaer and J. W. Ijzer-man. The Hague, Nijhoff for Linschoten-Vereeniging, vol. II, 1925, pp. 1-76; Crawfurd, John 1820. *History of the Indian Archipelago*, 3vols. Edinburgh, A. Constable.

图3-1-1 上身赤裸、肩部佩戴披肩的暹罗女子　　图3-1-2 穿着普通服饰的爪哇女人　　图3-1-3 1928年的巴厘岛女子

第三章 东南亚传统服饰—可巴雅的中国起源

53

至14、15世纪,据明朝《瀛涯胜览》中记载,当时爪哇国、马六甲(满剌伽)和苏门答腊王国居民的服饰,爪哇国:"国人之扮,男子髻头,女人椎髻,上穿衣,下围手巾。"马六甲:"国人男子方帕包头,女人撮髻脑后,身体微黑,下围白布并各色手巾,上穿色布短衫。"苏门答腊:"其国风俗淳厚,言语、书记、婚丧,并男妇穿扮衣服等事,皆与满剌伽国相同。"[1]从记载中的描述可见那时当地女子的上身已有较为简单的服装,但是仍没有长衫外套这种服装形制。从《瀛涯胜览》记载的时间可以推断,长款"可巴雅"的出现时间约在15世纪后。西方学者安东尼·瑞德也认为:"如果说现代东南亚的大多数民族服装起源于15—17世纪的实验,似乎不为过。"[2]

### (二)纺织、缝纫技术相对落后

除了温和的气候使得当地人有赤裸身体的习惯外,有限的纺织、缝纫技术也从侧面证明:"可巴雅"不是当地民族的服装样式。早期东南亚大部分地区纺织技术也相对落后,通常认为爪哇、苏门答腊和马来半岛地区最早的纺织是采用树纤维织布,人们会生产一种不经久耐用的树皮布,它的制作工艺主要是捶打,并无纺织过程。如图3-1-4至图3-1-6为拍摄于印度尼西亚和马来西亚国家博物馆的树皮衣、树皮材料和捶打工具。16、17世纪棉花在东南亚广泛种植,但是纺织方法非常原始和简陋,纺线工具只有简单的纺车或纺锤和缠线杆,如图3-1-7所示印度尼西亚国家博物馆中展示的简易纺车。再如图3-1-8所示为拍摄于印度尼西亚国家博物馆的

① (明)马欢:《瀛涯胜览》,万明校注,广州:广东人民出版社,2018年,第16、36页。

② [澳]安东尼·瑞德:《东南亚的贸易时代:1450—1680第一卷季风吹拂下的土地》,北京:商务印书馆,2013年,第129页。

图3-1-4 树皮衣

图3-1-5 树皮材料

图3-1-6 捶打工具

图 3-1-7 纺车 　　　　　　　　　　　　　图 3-1-8 织布机（踞织机）

织布机，这种织布机应该是较为原始的踞织机。这种踞织机的背带大大限制了布匹的幅宽，它只能纺出布幅较窄且短小的织物，这不符合"可巴雅"的制作幅宽。"在（爪哇）农村，家家户户都有纺车和织布机"[③]，这种自给自足的制作模式，恰恰说明了东南亚纺织业的发展水平不高。

　　当地人早期的服装缝合非常简单，服装主要是采用一片布缠绕包裹身体，基本没有缝纫工艺。带有衣袖或者裤腿结构的缝制服装相对较晚传入这一地区，只有贵族和上流社会人士才会穿着缝制的上衣。在手工缝制甚至是机器缝制的衬衫出现后的很长时间里，在正式场合，爪哇人、巴厘人等仍然会赤裸上身，仅用香水、油和彩色颜料装饰身体。

## 二、"可巴雅"起源的"阿拉伯说"和"中国说"

　　排除了"可巴雅"由本民族服装演变而来的可能性，关于"可巴雅"的起源主要有两种观点：一种观点是认为其起源于阿拉伯国家，另一种观点是认为其起源于中国明朝。

③ Raffles, Thomas Stamford 1817. *The History of Java*, 2 vols.London, John Marray. Reprinted Kuala Lumpur, OUP, 1965, 1978.

① 唐慧、龚晓辉主编:《马来西亚文化概论》,北京:世界图书出版公司,2015年,第186页。

② (明) 马欢:《瀛涯胜览》,万明校注,广州:广东人民出版社,2018年,第21页。

（一）"阿拉伯说"

"相传哥巴雅是数百年前从阿拉伯国家传到马来群岛地区的一种服饰,随后逐渐在马六甲、爪哇、巴厘岛、苏门答腊和苏拉威西岛等地流行开来。"①这一观点的依据背景是,13、14世纪后伊斯兰文化进入这一地区,并产生重大影响。早在7世纪阿拉伯商人到中国的途中,经过苏门答腊北部,就在停留的过程中传播伊斯兰教。但是大批的穆斯林来到这一地区是在13世纪,印度的古吉拉特商人和波斯商人向当地居民传播伊斯兰宗教,并在苏门答腊和爪哇沿海定居。13世纪末,苏门答腊岛上建立起这一地区第一个伊斯兰王国——须文达那-巴赛苏丹国,并成为这一地区的伊斯兰教中心,伊斯兰教遂以巴赛为据点向爪哇和马来半岛辐射传播。伊斯兰教在爪哇的传播主要在北海岸,该地较早出现穆斯林聚集区,在明朝马欢《瀛涯胜览》中将北海岸的居民分为三类:"国有三等人:一等回回人,皆是西番诸国为商流寓此地,衣食诸般皆精致;一等唐人,皆广东、漳、泉等处人窜居此地,日用美洁,多有皈依回回教门受戒持斋者;一等土人,形貌甚丑黑,猱头赤脚,崇信鬼教。"②从上述材料中印证,在15世纪早期爪哇北岸已经有穆斯林,但仅来此经商定居的外国人和皈依伊斯兰教的中国人信奉伊斯兰教,当地人仍然信仰自己的宗教。可见,当时伊斯兰教在这一地区的传播十分有限。伊斯兰教在整个爪哇海岛地区传播十分缓慢,爪哇的统治阶层是最后屈服于伊斯兰教这一新生力量的。直到满者伯夷王朝的灭亡,1577至1578年"伊斯兰教的殉道士们"击败谏义里事件为标志,爪哇的伊斯兰革命才如火如荼展开。这就使得爪哇的宫廷贵族文化保留得相对完整,在印度尼西亚的中爪哇日惹王国爪哇文化至今仍被保留并延续了下来。17世纪后荷兰殖民者侵占印度尼西亚,印度尼西亚人民开始反对殖民统治的斗争,这些斗争大都是在伊斯兰教的旗帜下进行的,随着反对殖民统治的胜利,伊斯兰教彻底地融入印度尼西亚人民的日常生活中。

大约在14世纪伊斯兰教传入马来半岛,马来半岛上的马六甲王朝第二代君主（1414—1423）与须文达那-巴赛苏丹国的公主结婚，改信伊斯兰教；到第五代君主（1445—1458），采用穆斯林君主称号"苏丹"，立伊斯兰教为国教，这使得马六甲王朝进入全盛时期。15世纪兴起的马六甲王朝成为当时东南亚最为强盛的伊斯兰王朝，伊斯兰教在这一地区逐渐占有统治地位。马来半岛南部长期处于爪哇或苏门答腊建立的王国统治之下，关于马六甲王朝的建立者，有学者认为他是苏门答腊岛上的一位王子，这使得马六甲王朝大量承袭爪哇、苏门答腊的文化。

根据这一历史背景，仔细分析"可巴雅"起源的"阿拉伯说"，你会发现阿拉伯商人在7世纪时到达这一地区，但是并没有产生很大影响，真正产生影响的是13、14世纪，而且伊斯兰教在这一地区发展受到当地文化的限制。特别是这一地区的文化核心地带爪哇，要在16世纪末17世纪初才屈服接受伊斯兰文化，然而"可巴雅"16世纪时就已经是爪哇贵族所穿着的服饰，这两者存在时间差。同时，在16世纪左右中国文化也是当地人仰慕的先进文化。可见，"阿拉伯"说不能确立。

（二）"中国说"

印度尼西亚的赖圆如的论文中指出："可巴雅起源于中国明朝，然后传到了马六甲、爪哇、巴厘岛、苏门答腊和西里伯斯岛。"③ 这一观点在中国学者梁燕的论文中有着更为深入的分析："十三世纪，伊斯兰教随着阿拉伯商船抵港开始传入马来半岛。与此同时，大批中国穆斯林的到来也使得伊斯兰教开始被广泛传播，本身就是民族文化借鉴与融合杰作的明朝服饰，在当时受到当地马来人的欢迎，此外中国服饰宽大的裁剪也完全符合伊斯兰教义的要求，于是，马来人将中国服饰作为原型，设计了长款可巴雅，作为女式服装一直沿用至今。"④

早在汉代，中国就已经和东南亚发生联系，中国海商在汉代已经前往这一地区。自此中国与东南亚的交流日渐加强，三国时期的东吴派朱应和康泰走访东南亚诸国，至唐、宋、元时期海上丝绸之

③ [印尼]赖圆如：《从"可巴雅"（Kebaya）谈印度尼西亚的服饰文化》，载《艺术设计研究》，2007年第2期，第43页。

④ 梁燕：《马来西亚的女性服饰》，载《回族文学》，2010年第1期，第72页。

路走向繁盛，再到明朝以"郑和下西洋"为标志中国与东南亚的交往进入新的、更为紧密的阶段。13、14世纪的东南亚是通过海上丝绸之路的中国商人、当地华侨与中国和世界相连。中国文化虽然不属于宗教文化，但是很早就对东南亚产生深远影响，直到15世纪中国文化对东南亚的影响都是主导者。中国对于东南亚的影响与印度文化和伊斯兰文化的宗教影响不同，它主要是通过海上丝绸之路上的贸易在物质生活层面影响东南亚，例如房屋建筑、稻米种植等。中国文化在衣、食、住、行方面对东南亚的影响更加明显。

中国文化对于东南亚的影响时间长达千年，无论是官方交流，还是民间活动，中国文化对东南亚的影响是持续性的，而且是多方面的，基于这样的历史背景，笔者认同"可巴雅"起源于中国这一观点。海上丝路贸易繁盛，中国与东南亚地区政治、经济、文化交流频繁，这就为起源"中国说"提供了历史背景依据。在实地考察了印度尼西亚群岛的雅加达、日惹、三宝垄，马来半岛的新加坡、马六甲、吉隆坡、槟城等地后，笔者更加确认了这一观点。

### 三、娘惹"可巴雅"的起源

娘惹"可巴雅"（"Nyonya Kebaya"）是对娘惹服装样式的特指。大部分学者都认为，娘惹"可巴雅"是基于马来或印度尼西亚的传统服装"可巴雅"。《东南亚概论》中叙述："……其中最具特色的'娘惹装'，即在马来传统服装的基础上改成西洋风格的低胸衬肩。""峇峇的服饰是中山装或者西装，娘惹则为颇具马来特色的娘惹哥巴雅和长衫。"[①]

探究东南亚"可巴雅"的起源，就可以梳理清楚娘惹"可巴雅"的起源。关于东南亚"可巴雅"的起源的"阿拉伯说"和"中国说"，笔者认同"中国说"。做研究需要"大胆假设，小心求证"，假设东南亚地区"可巴雅"起源于中国，它是在什么时期，受哪一服装样式的影响呢？关于起源的论证一是考古文物直接证明，二是史料记载。由于"可巴雅"所处的地区是温暖湿润的海洋性气候，

① 祁广谋、钟智翔主编：《东南亚概论》，北京：世界图书出版公司，2015年，第124页。

而服装在这样的气候下难以长久保存，使得现在具有历史价值的实物甚少。后面章节将从海上丝绸之路发展的历史大背景、文献资料和现存实物样式等多角度进一步论证。东南亚当地的历史记载十分贫瘠，早期的记载几乎是空白，主要从中国史料和阿拉伯人、其他西方探险者的游记中探究历史的真相。16世纪后在欧洲到访者的记录中也可窥见一斑。

## 第二节 "可巴雅"与中国直领对襟窄袖"褡子"

### 一、东南亚"可巴雅"的样式特征

印度尼西亚的爪哇、苏门答腊和巴厘岛是这一地区长期的文化中心，扮演着向外文化输出的角色，探究"可巴雅"的起源，应该从这一地区的服装样式入手展开研究。现在印度尼西亚的日惹王国保留了相对完整的爪哇文化，笔者在日惹王宫实地调研发现日惹王后和贵族所穿着的正是传统长款"可巴雅"，我们以此作为研究对象，可以更加接近历史的真相。

### （一）印尼式"可巴雅"

在东南亚不同地区的各式"可巴雅"中，印尼式"可巴雅"是其样式原型。现任印度尼西亚日惹王后在重大场合的着装依然为传统长款"可巴雅"，如图3-2-1所示。图3-2-2为实地调研日惹王宫时，所拍摄的王族重大婚嫁仪式中的长款"可巴雅"，从图中

图3-2-1 （左图）穿着"可巴雅"的现印度尼西亚日惹王后（资料来源：《印度尼西亚刺绣遗产》）

图3-2-2 （右图）日惹王宫中王族婚嫁仪式中的"可巴雅"服装样式

图 3-2-3　木屐

图 3-2-4　爪哇公主穿着变短的"可巴雅"（资料来源：《印度尼西亚刺绣遗产》）

　　我们可以看到，长款"可巴雅"整体造型呈修长的"H"形，具体样式为：直领对襟；长袖，有直袖口和窄袖口两种样式，连袖；前门襟无扣襻，无开衩；衣领、袖口和衣摆等服装边缘做刺绣装饰。其形制样式为典型的直领对襟式。印尼式"可巴雅"内搭抹胸小衫（"baju kecil"）；下装是装饰着各式图案的"纱笼"；脚穿"terompah"，这是一种源自印度类似木屐的拖鞋，这种拖鞋由鞋底和一根"小圆柱"组成，如图 3-2-3 所示。

　　早期制作印尼式"可巴雅"的材料就已经非常多元了，这是因为这一地区处于两大优质布料的原产国之间，盛产棉织品的印度和丝织品的中国，而且爪哇、苏拉威西、苏门答腊等地区本身也是棉纺织品的生产地。15、16世纪爪哇已经成为棉织物的主要出口地，爪哇的纺织女工采用蜡染印花（"batik"）装饰布料。早期的印尼式"可巴雅"受染色工艺和染色材料的影响，色彩多为灰色和褐色系，常用染料有蓝靛、番红花、红色棉花壳以及其他从各种天然植物根茎中提取的汁液。印度和中国的织物色彩亮丽，图案精美，品质优良，多为贵族和上层人士喜爱和使用，而大多数平民则穿戴本地生产的棉织品。

印尼式"可巴雅"继续发展到殖民统治前夕，修身的造型、样式特征都未发生改变，只是衣长逐渐变短至臀围线附近，如图3-2-4所示，是一位穿着变短的"可巴雅"的爪哇公主的画像。印尼式"可巴雅"的制作材料也更加多元，除了中国的丝绸、印度棉布、本地棉布外，西方工业革命产物——各种工业纺织品也成为制作材料，其中一种称为"rubia"的半透明薄纱材料变得非常流行，印尼式"可巴雅"的色彩和质地变得丰富起来。

保存到现在的近现代印尼式"可巴雅"，主要是19世纪以来的服装，其样式和材料都受到西方殖民文化的影响。图3-2-5、图3-2-6这两款"可巴雅"袖口有军装袖口的装饰结构特征，这是由于后期印度尼西亚长期受荷兰殖民统治。制作材料也主要为天鹅绒，采用金线刺绣植物花草图案装饰。这一时期服装常见色彩有黑色和红色、绿色、蓝色等鲜亮色彩，其中对绿色的喜爱是因为受伊斯兰文化的影响。这种带有金线刺绣图案的"可巴雅"成了日惹王国的官方正装，穿上它成了贵族身份的象征。

图3-2-5　近现代天鹅绒制作的"可巴雅"（一）（资料来源:《印度尼西亚刺绣遗产》）

图3-2-6 近现代天鹅绒制作的"可巴雅"（二）（资料来源：《印度尼西亚刺绣遗产》）

① 马六甲王朝（1402—1511）：在15世纪盛极一时，马六甲成为伊斯兰教在东南亚的传播中心，马六甲王朝与中国同时期的明朝关系密切。现在的新加坡马六甲和槟城在15世纪是马六甲王朝统治的领地。

② [印尼]赖圆如：《从"可巴雅"（KEBAYA）谈印度尼西亚的服饰文化》，载《艺术设计研究》，2007年第2期，第44页。

## （二）马来式"可巴雅"

印尼式长款"可巴雅"流传到马来半岛，据《马来纪年》记载：在马六甲王朝①三世时期，敦·哈桑天猛公（当时马六甲王朝宰相）对服饰做了较为系统的改革，②此时的马六甲王朝信仰伊斯兰教，受其影响长款"可巴雅"变化主要有：一是服装的样式造型由修身变得更加宽松、肥大，衣身变宽、变长，衣长至脚踝，宽大的服装包裹住人体，完全遮蔽人体曲线；袖笼变得肥大，袖口保留窄小样式；宽松肥大的马来式"可巴雅"在造型样式上与阿拉伯袍服非常相似，在袖口的大小以及衣长上不同，阿拉伯袍服衣长更长，更加宽大，如图3-2-7、图3-2-8所示。二是服装由前门襟不扣合的开衫，变成使用马来式胸针（"keronsang"）扣合的闭合式服装。在众多胸针款式中"一母两子"式最具特色，如图3-2-9所示，这一胸针样式来源于马来文化，风格带有异域的华美，它是三个成一组的胸针，纵向一字排列固定在上衣前面，第一个胸针较大，寓意母亲，称为"ibu"，"ibu"的造型像桃子，或者说是佩斯利火腿花形。余下两个为样式相同的圆形胸针，意指孩子，称为"anak"。佩戴时，第一个桃形胸针的尖端向下、向左倾斜，指向佩戴者心脏。下装同样搭配"纱笼"，腰间搭配金属腰链，如图3-2-10所示。早期马来半岛人脚穿木屐拖鞋（"terompah"），如图3-2-11所示，后期脚穿天鹅绒或珠绣拖鞋。

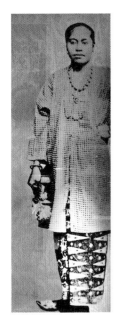

图3-2-7 马来式"可巴雅"　　图3-2-8　20世纪早期穿着"可巴雅"的马来女孩

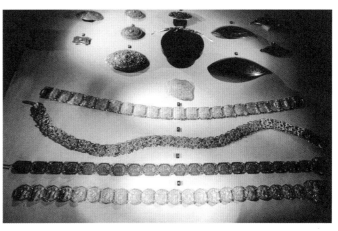

图3-2-9　马来式胸针　　　　图3-2-10　金属腰链

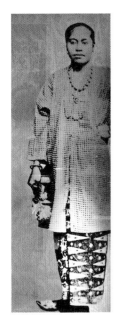第三章 东南亚传统服饰"可巴雅"的中国起源

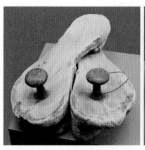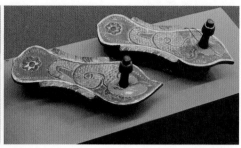

图3-2-11　马来地区的木屐

　　这种服装样式流行于马来半岛，可以称它为马来式长款"可巴雅"。这种服装样式发展成为马来传统服装样式之一。马来式"可巴雅"材料如同印尼式一样，早期主要有中国的丝绸和印度、本地棉布，15、16世纪丝绸和织锦成为马来王室和达官贵人使用的主要服装材料，东南亚生产的"songket"缎锦织物因独特而华丽的质感而备受青睐，如图3-2-12所示。同样，在马来半岛"rubia"布料流行，如图3-2-13为该布料制作的"可巴雅"。

　　长款"可巴雅"并不是某一种族人群的专属服装样式，马来人、印尼人、华人，甚至是后来的欧洲殖民者都喜爱穿着这一样式的服装。

## 二、中国直领对襟形制窄袖"褙子"的样式特征

### （一）"直领对襟"形制服装是中国古老的服装样式之一

　　"直领对襟"形制服装最早见于江陵马山楚墓出土的战国中晚期的"鍬衣"，如图3-2-14所示：直领对襟，背部领口凹下，形制如长褂。领袖皆锦为缘，而襟与下摆以绣绢缘边。整件衣服系用宽约51厘米，长约57厘米的独幅织物剪折制成，材料的利用极其充分，同时又能不失细节的表现。它反映着这一类服装的基本形制。[①]这一形制的服装一直延续发展，在洛阳八里台出土西汉画像砖上同样有直领对襟式长襦，如图3-2-15所示，这种样式形制的长襦已经近似于宋朝时期的褙子。褙子，或作"背子"，

① 沈从文:《中国古代服饰研究》，北京：商务印书馆，2011年，第132、134页。

图 3-2-12 "songket" 布料制作的 　　 图 3-2-13 "rubia" 布料制作的 "可巴雅"
"可巴雅"

图 3-2-14 直领对襟 "緅衣" （资料来源：沈 　　 图 3-2-15 西汉画像砖上直领对襟
从文《中国古代服饰研究》） 　　 式长襦（资料来源：沈从文《中
国古代服饰研究》）

又称"旋袄",男女皆穿,男式褙子宽大,女式褙子窄小,始于唐朝,盛于宋朝,样式有直领对襟式、斜领交襟式、盘领交襟式三种。

### (二)南宋墓葬出土考证直领对襟窄袖褙子

褙子在宋代已是女子的主要服装形式,南宋福州黄昇墓、江西德安周氏墓出土的多件女性服装实物,为当今的我们揭示了直领对襟窄袖褙子的具体样貌,主要形制特点:直领对襟,窄衣修身,锦饰作缘。

南宋时期由于政治经济重心的南移,福建远离战争动荡,同时海外交通便利,经济得到飞跃式的发展。泉州港在这一时期崛起,并发展成对外通商的国际性贸易港,北宋泉州港设置市舶司,这一行政机关主要管理海上对外贸易。南宋福州黄昇墓墓主人的父亲为福州进士黄朴,曾任泉州知州兼提举市舶司。黄昇16岁时嫁于赵匡胤的第十一世孙赵与骏,作为宋代宗室的贵妇,其身份显贵。墓葬出土了大量的各式服装,服装的裁剪和制作非常精致,装饰十分富丽华美,反映出当时贵族女性的服装样式特征。出土服装的样式基本上都为"直领对襟"式,无交领斜裾样式,侧开衩,衩高至腋下,无纽襻或系带,穿着时一般门襟敞开。衣身有长、短两种样式,长款的衣长在脚踝以上,短款衣长在臀围线附近,其形制几乎相同,如图3-2-16、图3-2-17所示。袖子有"大袖"和"直袖"

图3-2-16　南宋黄昇墓出土长款直领对襟式褙子

图3-2-17　南宋黄昇墓出土短款直领对襟式褙子

图 3-2-18　福州茶园山出土的南宋直领对襟窄袖褙子（图片来源网络）

两种样式："大袖"非常宽大，几乎为身长的一半，这种宽大的袖
袍是在举行隆重仪式时穿着的礼服；"直袖"则是贵族女性的常服。
在许多件服装中都有精美的花边装饰，多装饰在服装的边缘，如门
襟、袖口、下摆和腋下，以及背中缝都有花边装饰，这种装饰手法
在一般的宋代墓葬出土或绘画、雕塑作品中仕女服装从未见到，这
与宋代后宫妃嫔服饰的缘边做法类似，对这种装饰在宋代有一个专
属称谓——"领抹"。黄昇墓出土直领对襟式褙子均无纽襻或系带
扣合联结，也没有大带或组绶等，宋代女官、命妇在着宽袖袍时必
有束带，显然黄昇墓中出土的褙子穿着方式与之有别，穿着时两襟
是敞开的，这种无纽襻和系带的形制样式可见于《宋史·舆服志》，
或许是因为闽南气候常年温暖湿润，南迁于此的贵族因气候而发生
的着装改变，形成了只流行于福建官宦贵族的一种服装样式。[①] 这
种直领对襟开衫样式也出现在同时期的福州茶园山无名氏夫妻墓，
如图 3-2-18 所示，只是袖子更窄小，为"窄袖口"。

① 福建省博物馆：《福州南宋黄
　昇墓》，北京：文物出版社，
　1982 年，第 139—144 页。

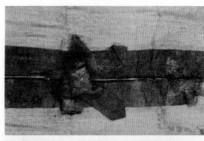

图 3-2-20　纽襻和系带（资料来源：周迪人、周旸、杨明《德安南宋周氏墓》）

图 3-2-19（左图）　江西德安周氏墓出土的南宋直领对襟窄袖褙子（资料来源：周迪人、周旸、杨明《德安南宋周氏墓》）

　　同样为南宋时期，江西德安周氏墓主人周氏曾被封为"安人"，"安人"是宋代命妇的称号。从出土的服装上装来看，样式同样基本上都为"直领对襟"式，与黄昇墓出土的服装相比较，服装形制样式基本相同。二者在服装样式的细节上有所不同，主要有：一是衣袖更加窄小。服装依照袖型大小不同，有"大袖"和"窄袖"两种，衣长也有长、短两种样式。"大袖"褙子与黄昇墓中的形制相同，这是宋代后妃、命妇的礼服，周氏出土的"窄袖"样式比黄昇墓中的"直袖"，无论是袖身还是袖口都更窄，更合体，如图 3-2-19 所示。二是服装有纽襻和系带系合，如图 3-2-20 所示。三是开衩有高有低，周氏墓出土的"褙子"侧开衩，既有同黄昇墓中高开衩至腋下的，也有开衩较低的。

上述两处墓葬出土服装实物基本上可以还原宋代女式褙子的基本形制样貌以及日常穿着习惯。"直领对襟"是宋代女性褙子的形制样式的主要特征，衣长有长、短两种样式，衣袖有"大袖""平袖"和"窄袖"三种，衣侧腋下有的开衩，开衩有高有低，有的不开衩。其中长款"大袖"褙子是礼服，而便于行动的"平袖"和"窄袖"褙子是常服，平民百姓为便于劳作一般穿着窄袖样式褙子。这两种袖口样式在"可巴雅"中都有出现。图3-2-2中"可巴雅"的衣袖样式为"窄袖窄口"；图3-2-1中"可巴雅"的衣袖样式为"窄袖直口"，后来"窄袖窄口"逐渐成为"可巴雅"的主要样式。宋代长款褙子为外衣，内搭低胸小衣，下着长裙；短款褙子是宋代女性沿袭中国自汉唐以来女子"上襦下裙"的穿衣习俗；穿着时可以敞开，也可以使用系带、纽襻系合。贵族女子穿着的褙子常用花边装饰服装的边缘，门襟处"领抹"装饰更是华美，普通人则很少装饰。

直领对襟"褙子"，两宋流行约三个世纪，到南宋日益加长，元代南方妇女犹因袭不变，惟本身益长而已。[①]褙子衣长日趋加长的趋势一直延续到明代。

### （三）从明朝侍女绘画看中国直领对襟窄袖"褙子"的形制样式特征

到明代，女子所穿的"褙子"的具体样式基本继承宋代样式，衣长变长，常见过膝、齐裙、至足踝几种长度，明代褙子更是贵族和平民都可穿着的流行服饰，《明实录》多次记载"褙子"服装在皇亲贵族中穿着，如"中宫妃主礼服已有定制，其常服，中宫用龙凤珠翠冠，真红大袖衣，霞帔，红罗长裙，红罗褙子……"[②]这记载的是褙子作为皇后的常服，颜色为红色，材质为罗。

《明史·舆服志》记载："二十四年定制，命妇朝见君后，在家见舅姑并夫及祭祀则服礼服。……六品至九品，绫罗绢。霞帔、褙子皆深青段……二十六年定……一品、二品，霞帔、褙子俱云霞翟文……三品、四品霞帔、褙子俱云霞孔雀文……"[③]

① 沈从文：《中国古代服饰研究》，上海：上海书店出版社，2000年，第516页。

②《明太祖实录》卷六十五。

③（清）张廷玉等：《明史》卷六十七，志第四十三，北京：中华书局，1974年，第1645页。

图3-2-21 王蜀宫妓图（局部），明，唐寅，轴，绢本设色，纵124.7cm，横63.6cm，故宫博物院藏

图3-2-22 山茶仕女图，明，唐寅，轴，绢本设色，纵131.6cm，横61.5cm，故宫博物院藏

图3-2-23 簪花仕女图，明（传），唐寅，纵100.9cm，横58.2cm，美国弗利尔美术馆藏

从文献的记载中可以看到，在明代褙子服饰已成为命妇的礼服，礼服的品阶有明确规定，褙子由原来低品阶六品至九品命妇的礼服，到高品阶一品、二品命妇的礼服，这个变化也进一步体现了褙子服饰已被纳入等级森严的官方服饰制度。

《明史·舆服志》记载："士庶妻冠服：洪武三年定制，士庶妻，……女子在室者，作小三髻，金钗，珠头巾窄袖褙子……""教坊司冠服。洪武三年定。……乐妓，明角冠，皂褙子，不许与民妻同。"①

士庶平民的"窄袖"是对应贵族的"大袖"，同时文献也证明了"褙子"这一服装形制在平民中是非常普遍的样式，可以说是流行于明代大江南北的服装样式。

褙子服饰的具体形象在明代绘画作品中有非常明确的表现，图3-2-21至图3-2-23为明代画家唐寅所画的穿着窄袖"褙子"的仕女，其服装样式承袭宋代样式，只是衣身更加修长，长至小腿，袖

①《明史》卷六十七，北京：中华书局，1974年，第1650、1654页。

美美与共

海上丝路之土生华人"峇峇、娘惹"族群服饰研究

口为"窄袖窄口"式，门襟处装饰"领抹"。其中图3-2-21《王蜀宫妓图》中四位女子所穿的褙子有侧开衩的，开衩有高有低，也有未开侧衩的，下装搭配长裙。图3-2-21、图3-2-23中褙子作为外衣，内搭袒胸服装，这也基本与宋制相同。但在图3-2-22中着褙子的仕女内搭较为保守，红色内搭服装的衣领高度已经到颈部，而不是先前的胸部。内搭服装后期更加保守，衣领变为合立领，高寸许，有一二粒扣子于领口扣合，这种装束在明末清初的南方为中层社会女性的家常装束，而这种领口，较早见于在万历年间官服妇女的写影上。定陵万历皇后出土的服装中均有实物发现。

### 三、"可巴雅"与中国直领对襟窄袖"褙子"的对比研究

#### （一）两者形制样式如出一辙

在形制样式上将两者对比，两者都为"上衣下裙"外衣形制，无论是"可巴雅"还是"褙子"都内搭衣服，下装"可巴雅"搭配裹裙"纱笼"，"褙子"搭配百褶裙或马面裙等。通过绘制现印度尼西亚日惹王后穿着的"可巴雅"的款式样式图（图3-2-24），和江西德安周氏墓出土的窄袖直领对襟"褙子"的款式样式图（图3-2-25），对比可得两者都是窄衣修身样式，整体造型同为修长的"H"形。具体样式同样如下：直领对襟；窄袖；开门襟，不扣合；服装边缘作装饰结构。可见，两者在形制和样式上都如出一辙。

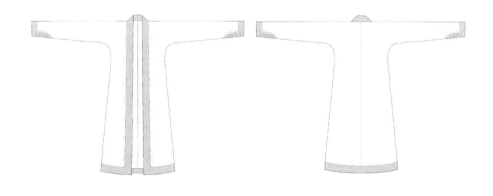

图3-2-24　印尼式"可巴雅"正、背面款式图

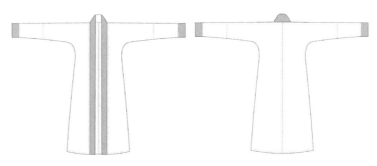

图3-2-25　江西德安周氏墓出土窄袖"褙子"正、背面款式图

　　此外，阿拉伯女装受宗教文化的影响，无论是贯头式还是开襟式，整体造型都非常宽大，这与印尼式长款"可巴雅"修身样式差别巨大，这也从另一个侧面证明了"可巴雅"起源于中国而非阿拉伯。

　　（二）两者同为衣袖相连的"十字型"平面结构

　　衣袖相连的"十字型"平面结构，是自宋元时期就已经确立具有代表性的中国服装结构，它符合中国人不强调人体特征，讲究"天人合一"的哲学理念。中国服装的衫、袍、袄等多采用这一结构，它是一种区别于西方强调三维立体造型的裁剪结构。[①]明朝服饰在裁剪上进一步加强了这一结构样式。这是中国服装延续千年的基本结构，直到近代"西风东渐"，发生了"变服"之后才发生了改变。褙子是"十字型"平面结构服装的典型性样式，如图3-2-26所示：以通袖肩线和前后衣片的中心线交叉成"十"字平面结构，直线裁剪结构线为主，以通袖肩线为中轴线前后衣片连裁，连肩、连袖、直身、对称；而早期印尼式长款"可巴雅"的结构，如图3-2-27所示，同样以通袖肩线为中轴线将前后衣片连裁成平面十字型。

　　这种衣袖相连的"十字型"平面结构，背后是东方人体结构特征和审美体系，它展现出东方女性体态的纤秀之美。这种结构的服装符合东方人含蓄内敛的气质，与西方强调腰臀差且张扬的立体之美截然不同。

① 张伟萌、马芳：《基于CLO3D平台的汉服十字型结构探析》，载《丝绸》，2021年第2期。

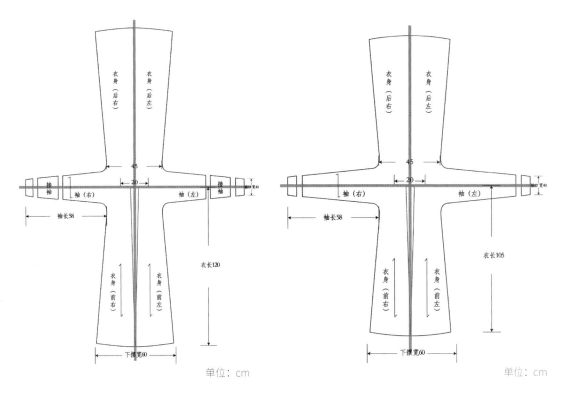

衣身（后右）　衣身（后左）　45　20　接袖　袖（右）　袖（左）　接袖　宽4.0　袖长58　衣长120　衣身（前右）　衣身（前左）　下摆宽60　单位：cm

衣身（后右）　衣身（后左）　45　20　宽4.0　袖（右）　袖（左）　袖长58　衣长105　衣身（前右）　衣身（前左）　下摆宽60　单位：cm

图 3-2-26　直领对襟窄袖"褙子"的"十字型"平面结构图　　图 3-2-27　印尼式"可巴雅"的"十字型"平面结构图

### （三）同为"锦饰作缘"的装饰方式

"可巴雅"与"褙子"这两种服装虽然相隔千里，隔海相望，但却有着相同的装饰方式。它们都在服装的边缘进行华美的装饰，这种奢华的装饰在两地多为贵族和有钱人彰显地位和财富的象征。"褙子"的装饰在南宋时期表现为"领抹"，其中黄昇墓中还单独出土了有这种花边的服饰 9 件，彩绘、描金、印金、贴金、印花和刺绣工艺交互使用，技法精湛；图案纹样繁多，内容丰富，形式多样，大小牡丹花是最为常见的装饰题材；描金、印金、贴金等金色装饰使得服装奢华夺目。而印度尼西亚贵族所穿的"可巴雅"则采用金线绣装饰衣领、门襟和下摆等服装边缘处，使整件衣服看起来富丽堂皇。

印度尼西亚的金线绣与中国闽南地区的"金苍绣"有异曲同工之处。笔者在国内调研时发现，闽南沿海地区有一种古老的金线

① 陈晓萍:《金苍秀地域特色研究》,载《泉州师范学院学报》,2018年第1期,第17—20页。

绣,即"金苍绣",又称"金葱绣",它与"蹙金绣"一脉相承,更是中国历史上金线绣的发展和延续,是明清时期流行于闽台、东南亚的绣品。①在中国,金线绣历史悠久,唐朝的"蹙金绣"让人叹为观止,元代的金线绣更是登峰造极,随后逐渐没落失传。对比"金苍绣"与"可巴雅"的金线绣装饰,两者用的刺绣材料都比较粗,不同于一般的丝线,而是采用包芯线,具体的刺绣技法和纹样既有相同之处又有区别。

## 第三节　海上丝路的繁荣为"可巴雅"的起源提供了历史契机

中国自古以来就同海外诸国发展和平友好关系,早在汉朝就已经有记载中国曾派使节远航东南亚,并同海外进行商业经济和文化交流;唐代开辟了贯通亚非的远洋航线,海上丝路的贸易往来大大加强,并在广州、交州、泉州、扬州设置市舶司管理对海外的贸易;宋元时期中国直面海洋、锐意进取,南宋海上贸易收入成为国家的主要收入之一,元朝对海上贸易的重视不亚于宋朝,先后在泉州、广州、温州等7个港口设置市舶提举司(古代官名),在宋元时期中国商人主导了印度洋和东亚的海上贸易。明朝的海上丝路发展到新的阶段,中国"和平""不征"和"共享"的外交理念,成就了由海上丝路所连接形成的文化互动、共生兼容的共同体,在这样一个多元对话交融的空间里,才会产生文化大融合的"可巴雅",它是中国文化和平对外传播,并与多元文化融合共生的例证之一。海上丝路繁荣的背后,一方面是物品交易,中国的丝绸制品一直是海上贸易的主要物品之一;另一方面是人员的流动和迁徙。这为中国服饰文化的海外传播提供了通道和物质载体。

### 一、海上丝路上的"丝"

"丝绸之路"本身就是以"丝"这一商品命名的,"丝"是中国与海外交流的第一种大宗商品，也是西方对中国的第一直观印象。古希腊人称中国为"赛里斯国"（seres），即"丝国"。在中国的历史上，海上丝绸之路时间上的起点为汉代的汉武帝时期，最为明确的记载在《汉书·地理志》中："自日南障塞、徐闻、合浦船行可五月，有都元国；又船行可四月，有邑卢没国；又船行可二十余日，有谌离国；步行可十余日，有夫甘都卢国。自夫甘都卢国船行可二月余，有黄支国，民俗略与珠崖相类。其州广大，户口多，多异物，自武帝以来皆献见。有译长，属黄门，与应募者俱入海市明珠、璧流离、奇石异物，赍黄金杂缯而往。所至国皆禀食为耦，蛮夷贾船，转送致之。亦利交易，剽杀人。又苦逢风波溺死，不者数年来还，大珠至围二寸以下。平帝元始中，王莽辅政，欲耀威德，厚遗黄支王，令遣使献生犀牛。自黄支船行可八月，到皮宗；船行可三月，到日南、象林界云。黄支之南，有已程不国，汉之译使自此还矣。"[2]

② （汉）班固：《汉书》卷二十八《地理志·下》，北京：中华书局，1962年，第1671页。

这是中国史书第一次明确记载的海外贸易，在记载中已经明确记录了海上丝路贸易的时间、地点和路线，以及人物身份，"有译长，属黄门""汉之译使"。还记载了他们出海入市的交易资本"赍黄金杂缯"，即带着黄金和各种丝织品出海贸易，这就反映出早在汉代中国的丝织品已作为商品参与海外商品贸易。

汉代的海上丝路还是发展的初级阶段，这时东西方的海上交流"你来我往"，在公元1世纪中期，西方也诞生了一部描绘西方人经海路接近中国的著作《厄立特里亚海的航行》，这本著作告诉人们，公元1世纪时，"西方（实际上是印度洋国家）"已有商船驶入东方，开始在海上丝绸之路"贩丝"。[3]

③ 梁二平：《海上丝绸之路2000年》，上海交通大学出版社，2016年，第42页。

海上丝路的贸易经过了汉代的发展，到三国时期进入真正的贸易阶段，这一时期的海上贸易整体来说"你来大于我往"。中国输出商品以丝或丝织物为主，这些商品先运到锡兰，再由阿拉伯、波斯、埃塞俄比亚等地的商人转运到波斯湾和红海。有考古证明，4世纪时，埃及就有用中国丝织成的织物。丝绸作为海上贸易的主要

① 福建省博物馆:《福州南宋黄昇墓》,北京: 文物出版社,1982年,第137页。

② (明) 巩珍:《西洋番国志》,北京: 中华书局,1961年,第15、16页。

③ (明) 王世懋:《闽部疏》中《记录汇编》卷207,第72册。

货品一直延续到宋,它一直也是东南亚各国贵族喜爱的奢侈品,同时经由东南亚各国转运到欧洲各地。宋元时期,泉州成为海上丝路的中国起点之一,据《诸番志》记载:南宋时期从泉州港口出口的丝织物有绢伞、绢扇、建阳锦、生丝、锦布、缎锦、锦绫、缬绢、丝帛、五色缬绢、皂绫、白绢等多种多样的丝帛和丝制品,这些丝织物品既有福建本地的产品,也有江浙等地的传统产品。其中"建阳锦"的建阳为今福建南平,在《建阳县志》中记录,建阳织锦厂为外销东南亚而进行大量生产,织锦工人沿溪河濯锦,至今有"濯锦桥"遗迹。①元人汪大渊在著作《岛夷志略》中记载,中国丝绸从泉州输往海外达40多个国家和地区。国外汉学家研究表明,英、法、德语中的缎子"satin"源自"zaitun"(刺桐)之音,"刺桐"是泉州的古称。

明初郑和下西洋把中国精美的丝绸作为礼物和贸易品带到东南亚各国。在郑和第七次下西洋时的幕僚——巩珍所著的《西洋番国志》中曾记录当时所携带赏赐给各国藩王的丝绸:"太监杨庆等往西洋忽鲁谟斯等国公干,合用各色纻丝纱锦等物,并给赐各番王人等纻丝等件。敕至,即令各衙门照依原定数目支给……"②明朝的海上贸易除了官办以外,还有民间贸易也非常繁荣,福建漳州的月港是当时民间唯一的对外港口,《闽部疏》曾记载:"凡福之绸丝,漳之纱绢,泉之蓝……其航大海而去者,尤不可计,皆衣被天下。"③从记载中可以看出在明朝时月港的丝织品大量出口海外。漳州在明代既是海上贸易的重要港口城市,也是重要的丝绸生产基地,漳州的"漳绒""漳缎"驰名中外,漳州商人从江浙采购生丝,根据海外需求订单进行生产。其中"漳缎"因其制作精美用于制作明代官服上的补子,漳绒的制作是向国外学习天鹅绒制作工艺,并不断自我发展、日趋精湛的技艺。月港贸易的繁荣发展,证明中国参与并且推动了16世纪的全球化贸易活动,中国的丝织品作为大宗货物沿着海上丝绸之路源源不断地输往东南亚及世界各地。

由于这时期海外对于中国丝织品的需求不断增加,为此专门开辟了福建漳州月港（或中国台湾）—马尼拉（菲律宾）—美洲阿卡普尔科航线，而在马尼拉（菲律宾）有专门的"生丝市场"。这种影响我们今天仍能感受到，西班牙热情奔放的弗拉门戈（flamenco，西班牙的一种综合艺术，集舞蹈、歌唱和器乐于一体）舞者身上的丝质大披肩，原名"马尼拉披肩"。这种披肩的原产国是中国，由月港运抵马尼拉港口，再运转至欧洲。

中国服饰文化伴随着丝绸这一物质载体，经由海上丝绸之路流向全世界。东南亚作为丝绸制品的消费市场，和海上丝绸之路的中转站，也必将受到中国服饰文化的影响。无论是各式各样的丝绸材料、中国式样的图案纹样，还是种植和纺织丝绸的技术都在东南亚这片土地上留下了深远的影响。这为"可巴雅"产生的"中国说"提供了物质方面的支撑和佐证。

## 二、海上丝路上的"人"

中国移民到东南亚可以说是海上丝路不断开拓发展的结果。中国人侨居东南亚和中国与东南亚国家建立联系的历史几乎一样久远，唐代以前的移民是零星的、偶然的，"中国人移居东南亚始于唐代"。[4] 唐朝是中国历史上繁荣昌盛的时期，航海技术的提高，使得唐朝的对外贸易和国际交往规模空前，其声望远播海外，此后海外华人被称为"唐人"，华人聚集区被称为"唐人街"。唐朝华人已经在苏门答腊北部及其他地方定居，且形成永久聚落（社区）。

宋元时期华人移居这一地区的人员更多，在爪哇、苏门答腊建立了移民区。两宋时期，中国政治经济重心南移，尤其是南宋，从事海上丝路贸易的人员增多，出国经商者成为移民的主体。朱彧的《萍洲可谈》记载："北人过海者，是岁不还者，谓之住番。"当时已有"住番虽十年不归"。[5] 加上南宋末年数以万计的政治难民移居东南亚，这是中国历史上一次较大规模的集体移民。在元朝汪大渊的《岛夷志略》中明确记载龙牙门条单马锡（今新加坡岛）已

④ 巫乐华：《华侨史概要》，北京：中国华侨出版社，1994年，第39页。

⑤ （明）朱彧：《萍洲可谈》卷二，李伟国点校，郑州：大象出版社，2006年。

① （元）汪大渊：《岛夷志略·龙牙门篇》，苏继庼校释，北京：中华书局，2000年，第213页。

② （清）张廷玉：《明史》卷二百一十一，北京：中华书局，1974年，第8379页。

③ （清）张廷玉：《明史》卷一百九十二，北京：中华书局，1974年，第7767页。

④ （明）马欢：《瀛涯胜览》，万明校注，广州：广东人民出版社，2018年，第34页。

⑤ （明）马欢：《瀛涯胜览》，万明校注，广州：广东人民出版社，2018年，第17页。

有华人居住，"男女兼中国人居之，多椎髻，穿短布衫，系青布捎"。①元朝曾对中国周边国家缅甸、占城（古国名，今越南中南部）、安南（越南古称）、爪哇等国进行征伐占领，元世祖忽必烈曾出兵两万余人远征爪哇，以占城和渤泥为中转基地和补给站，蒙汉联军驻防当地，因战争失败，许多伤病士兵流落到当地，"其病卒百余，留养不归，后益蕃衍，故其地多华人"。②这些战争和驻防所遗留在当地的华人，成为近代华人在各国的元祖之一。此外，元朝的海上丝路贸易更为繁荣，贸易量巨大，泉州一跃成为第一大港，意大利威尼斯人马可·波罗曾在他的著作里将泉州描述为世界最大的港口。这也说明中国从事海外贸易的人数更多，经济性移民也在增加。

明朝明太祖朱元璋在1371年颁发诏书（后收录于《皇明祖训》），将爪哇、苏门答腊、三佛齐等15个国家列为"不征之国"，为明朝的外交定下"和平"的基调。郑和七下西洋更将海上丝路在明朝的规模推向高潮。在这七次官方活动中，每次都有上万人参与，第一次下西洋"将士卒二万七千八百余人"③，第三、四次"官校、旗军、勇士、迈事、民稍、买办、书手通计二万七千六百七十员名"。④马六甲（满剌伽）、苏门答腊、爪哇作为郑和下西洋的重要停靠站点，几万名航海人员在这里长时间停留，与当地交流更加广泛深入。明朝的和平外交政策和郑和的远洋航行，都为中国人出国和在这一地区经营贸易以及居住创造了有利条件。明朝中国移居这一地区的人数进一步增加，形成历史上华人出国的第一个高峰，且居住在此地的中国人已经形成聚居地，开始形成华人社区（爪哇的杜板、新村等地），"杜板者，地名也，番名赌班，此处约千余家，以二头目为主，其间多有中国广东及汀、漳、泉州人居住此地"，"……至新村，……盖因中国之人来此创居，遂名新村。至今村主广东人也，约有千余家"。⑤

明朝后期，中国南方城市的经济中已经孕育资本主义萌芽，商品经济发展，社会上出现一股强烈的拓展海外贸易市场的要求。另外，隆庆初年开放"海禁"，"准放东西洋，只禁止到日本贸易"。⑥ （明）张燮:《东西洋考》，卷七，"饷税考"条。在东南沿海出现私商贸易并发展起来，民间从事海外贸易的人员大幅增加。16世纪初，西方殖民者入侵东南亚，并建立殖民地，需要劳动力和商品，对华侨实行"招徕政策"，大批中国移民向东南亚迁徙。明末在菲律宾的外岛和缅北江头城的华侨人数也超过万人，加上印度尼西亚和马来半岛的华侨，南洋地区的华侨人数总计约达10万人。明末清初，改朝换代，大批明朝臣民逃亡海外，在东南亚各地形成诸多华侨华人社区中心，爪哇的杜板、三宝垄、苏门答腊、马六甲这些"可巴雅"流行地区华侨社会已经形成。

中国移居东南亚的人群主要有以下几类：一是贸易商人，海上丝绸之路贸易的繁荣发展促使大量的人从事海上贸易，他们有大富豪商人、世袭商人，但更多的是由农民转化而来的散商；二是政治难民，中国在遭遇大的战乱兵祸和朝代更替时往往会有大批人群迁移至东南亚；三是亦官亦商的官员，自汉代以来中国大部分朝代都曾派遣使者出使东南亚，他们一方面是外交官，另一方面也是官方的贸易者；四是华工，早在16世纪欧洲殖民者向东南亚殖民扩张的早期，就有许多随商船到海外谋生的手工业者和农民，到1840年后到第一次世界大战前，大量华人移民海外，他们多为契约劳工。

海上丝路人员的往来，为服饰文化的传播培植了土壤，中国官方的交流和民间迁徙移居必然会产生文化的输出和互动。钱穆先生曾讲："中国人来海外，是随着中国的社会而同来的，换而言之，是随着中国文化而俱来的，亦是随着中国历史俱来的。"⑦ 钱穆:《中国历史研究法》，北京：生活·读书·新知三联书店，2001年，第46页。中国服饰文化必然由中国人沿着海上丝绸之路沿线传播至各地，这也包括印度尼西亚群岛和马来半岛。正如印尼学者斯迪亚宛写道："伴随着郑和远航，中国的丝绸、瓷器、金银制品等物也传到国外。"⑧ [印尼]《宇宙报》，1986年2月10日。"美国学者奚尔恩在《远东史》第16章中写道：'郑和下西洋后，马来西亚人衣服装饰亦受中国之影响……'"⑨ 和洪勇:《明前期中国与东南亚国家的朝贡贸易》，载《云南社会科学》，2003年第1期。海上丝绸之路既是中国文化（中国服饰文化）输出、传播和发展之路，也是文化碰撞融合之路。这为"可巴雅"这一异域风格的服装出现在这一地区提供了历史的契机和可能性。

从民族的迁徙到广泛的贸易活动，中国人一直活跃在海上丝绸之路沿线，一直活跃在东南亚。正如1955年印度尼西亚前总理沙特斯特罗阿米佐约访华时，谈到当时的海外贸易和移民："中国的航船不仅带来了货物，随之而来的还有许多中国商人、工人和手工业者，他们在我国定居下来，带来了中国的技术和古老的文化，直到现在，我们在许多岛屿上还保留着这些中国文化的精华。"

### 第四节  明朝"朝贡"和"赐服"制度为"可巴雅"的起源提供了直接和间接途径

**一、"朝贡"制度使中国服装直接或间接作用于东南亚地区**

**（一）"朝贡"——古代中国对外关系的基本框架**

朝贡体系是古代世界上重要的国家关系体系之一，尤其是在以一元体系为特征的古代国家，朝贡成为处理国际关系的重要政治制度。[①]美国学者费正清曾在阐述中国朝贡体系时讲到，朝贡制度被认为是古代中国对外关系的基本框架。

中国的朝贡与宗藩关系始于春秋时期，周代分封诸国，对诸国拥有宗主权，诸侯需觐见周天子并进奉贡品。"朝"指的是使臣觐见君主，体现隶属关系。"贡"指的是属下奉献物品给主人，体现主人对属下的经济索取权。但东南亚朝贡制度并不是实质性的"宗藩关系"，中国与东南亚各国的朝贡关系十分复杂，有的是战争后的一种合约，有的是双方往来的名义，有的是因通商目的而建立的关系。《后汉书》曾记载："九年（公元97年）春正月，永昌徼外蛮夷及掸国重译奉贡。"[②]卷八十六"西南夷传哀牢"条中记载得更为详细："九年，徼外蛮及掸国王雍由调，遣重译奉国珍宝，和帝赐金印紫绶，小君长皆加印绶、钱帛。"[③]上述史料说明当时双

① 和洪勇：《明前期中国与东南亚国家的朝贡贸易》，载《云南社会科学》，2003年第1期。

② （宋）范晔撰，（唐）李贤等注：《后汉书》卷四《孝和孝殇帝纪篇》，北京：中华书局，2000年。

③ （宋）范晔撰，（唐）李贤等注：《后汉书》卷八十六《西南蛮夷列传》，北京：中华书局，2000年，第2851页。

方语言不通，掸国王派遣使者朝贡珍宝，汉朝回赠紫绶和钱帛。三国魏晋南北朝时期东南亚国家也都曾遣使者到中国朝贡，中国回赠的礼品主要是丝绸和金银；唐朝少有关于朝贡的记载；宋元明时期，在推动海外贸易的同时，强调朝贡制度。

### （二）明朝轰轰烈烈"朝贡"贸易下服饰文化的海外传播

明朝建立后，从制度上确定了"厚往薄来"的朝贡贸易政策。由于该朝贡政策，导致海外藩国都愿意来华朝贡。明朝政府纳其朝贡而回赐大量中国物品，服饰衣物、布料更是主要的赏赐物品。《明会典》详细记载了大约130个朝贡国，其中东南亚就有62国之多，爪哇、苏门答腊和马六甲朝贡更是非常频繁。

满剌伽："永乐三年，其酋长拜里迷苏剌遣使奉金叶表朝贡，诏封为国王，给印诰……九年国王率其妻子及陪臣五百四十余人朝贡……十年遣使来贡……正统十年以后屡遣使来贡……"

爪哇："……洪武五年，其国王昔里八达剌八剌蒲遣使奉金叶表，贡方物。并纳元所授宣敕。十四年来贡如初。有黑奴三百人。后绝其贡。永乐二年，其国东王孛、令达哈遣使朝贡请印。

赐涂金银印。五年，西王都马板灭东王、遣使谢罪。正统八年，令三年一贡。后朝贡无常。"

苏门答腊："……永乐三年，其酋长宰奴里阿必丁遣使朝贡。诏封为国王。给印诰。五年至宣德六年，屡遣使来贡。表用金叶。……"[④]

早在郑和第一次下西洋时，明朝政府就在现在的印度尼西亚的北部，靠近马六甲海峡的地方设置了行政机构——旧港宣慰司，负责处理南海周边国家的"朝贡"事宜。"永乐五年九月戊年（初八），旧港头目施进卿遣婿丘彦诚朝贡。设旧港宣慰司，命进卿为宣慰使，赐印诰、冠带、文绮、纱罗。"[⑤]旧港宣慰司作为明朝的行政单位，其官员必然着中国官服，故有上文中记载的赏赐。"朝贡"政策加强了中国与各国的贸易往来，在贸易的过程中将中国的服饰材料和服装样式带至各朝贡国。中国的服饰文化伴随着"朝

④（明）申时行等：《明会典》卷一百零五，北京：中华书局，1989年，第3、4页。

⑤《明成祖实录》卷五十二。

贡"贸易传播到海上丝绸之路沿线，"朝贡"制度为"可巴雅"起源于中国提供了途径。

## 二、"赐服"外交使中国服装直接影响东南亚地区

### （一）"赐服"外交是中国服饰制度的一个分支

如果说"朝贡"政策间接促使中国服饰文化传播到东南亚地区，那么"赐服"外交则是直接将中国服饰和文化带到这一地区。《说文解字》解释："赐，予也。"[1]强调上对下的关系。在中国历代统治时期都把服饰作为区分等级、加强统治的工具，都会非常重视服饰制度的订正。明朝是中国历史上高度中央集权的封建政权，明太祖朱元璋建立了极其严格、等级森严、规定细致且更加完善的服饰制度。明代的赐服制度体系是整个服饰制度的一个子系统，赐服无疑更加明确这种上下尊卑、贵贱有序的等级结构，通过服饰这一物化的手段和方式强化君臣关系，确认宗主地位。在明朝既有对外赐服，也有赏赐文臣武将、地方官员、宗室外戚、少数民族首领等的对内赐服。

赐服与赐服制度也不是明代独有的，对东南亚赐服在元代的《元史》中曾记载："（至元三十一年十月）乙巳，遣南巫里、速木答剌、继没、剌予、毯阳[又称淡洋，故地在苏门答腊东北岸的塔敏（Tamiang）河流域]使者各还其国，赐以三珠虎符及金银符、金、币、衣服有差。"[2]明代可谓赐服制度的集大成者，赐服制度规定细密，赐服对象广泛，赐服的数量、人数之多都是史无前例的。明朝有完备的赐服制度规定和组织管理，赐服的样式、质地的好坏和数量的多少，与受赐者的身份、地位以及和统治者的关系亲疏、事态轻重、影响大小等有关。因有明确的规定，通常情况下，赐服是照章办事，遇特殊情况统治者会依照当时的具体情况处理。《明会典》记载："朝廷给赐番夷及官员人等，或出特恩，或夷人求讨，或礼部酌请，其力不一。"明朝有专门的机构和人员负责处理赐服事宜，礼部主客清吏司设有郎中、员外郎主事等官员，"分掌

① （汉）许慎：《说文解字》，北京：九州出版社，2001年，第360页。

② （明）宋濂、赵埙、王祎等：《元史》卷一十八，北京：中华书局，1976年，388页。

诸番朝贡、接待、给赐之事……"

（二）明朝对爪哇、苏门答腊和马来半岛的赐服记录

明朝的"赐服"外交制度背后是其与周边藩属国之间的服饰（含衣料）作为赏赐品的交流，在中国史书中多有记载中国在明朝多次颁赐冠服给这一地区的爪哇、苏门答腊和马六甲王朝。

自洪武五年（1372）开始，"爪哇国王昔里八达剌八剌蒲遣其臣八的占必等，从朝使常克敬来朝上金叶表，贡方物，纳元所授宣敕三道诏，赐八的占必等文绮、袭衣、靴袜，其通事从人以下，赐衣有差"。[3]

③《明太祖实录》卷七十一。

洪武十年（1377），"淡巴国王佛喝思罗遣其臣施那八智，上表，贡芯布、兜罗绵被、沉檀、速香、胡椒等物，赐佛喝思罗金织文绮、纱罗，施那八智文绮袭衣等物有差"。[4]

④《明太祖实录》卷一百一十三。

明朝在永乐年间"赐服"次数最多、最为频繁。东南亚各国来朝贡时明朝赐服朝贡国国王和使者等，有时来朝贡时已赐服，返还时又再次赐服。

"永乐五年九月（满剌加）遣使入贡。明年，郑和使其国，旋入贡。九年，其王率妻子陪臣五百四十余人来朝……赐王金绣龙衣二袭，麒麟衣一袭，金银器、帷幔衾裯悉具，妃以下皆有赐。将归，赐王玉带、仪仗、鞍马，妃赐冠服。濒行，……再赐玉带、玉带仪仗……锦绮纱罗三百匹、帛千匹、浑金文绮二、金织通袖膝襕二；妃及子侄陪臣以下，宴赐有差。"[5]

⑤（清）张廷玉等：《明史》卷三百二十五，北京：中华书局，1974年，第94页。

永乐十二年："壬辰，满剌加国王子母斡撒于的儿沙来朝，奏其父拜里迷苏剌卒，诏母斡撒于的儿沙袭父职爵为王，赐金银锦绮、纱罗、冠带、织金袭衣。"[6]

⑥《明太宗实录》卷九三。

永乐二十二年："满剌加国王西哩麻哈剌者还国，赐宴于玄武门，赐金百两、银五百两、钞三万二千二百七十锭、锦六段、彩段五十八，表里、纱罗各二十二匹、绫四十六匹、绢五百三十六匹、棉布三百九十二匹、织金罗衣十八袭，赐王妃素罗女衣十二袭、绢女衣十七袭，赐其从人衣服有差。"[7]

⑦《明太宗实录》卷一二九。

①《明太宗实录》卷二十二。

②（清）张廷玉等：《明史》卷三百二十五，北京：中华书局，1974年，第8416—8419页。

③ 同②。

④《明宣宗实录》卷二十二。

⑤《明宣宗实录》卷五十二。

⑥《明宣宗实录》卷五十七。

⑦《明英宗实录》卷二百四十四。

有明朝政府派遣使者到东南亚赐服给当地国王，以及赐服中国远在东南亚的官员"旧港宣慰司使"。

"永乐元年，癸丑，遣官往赐朝鲜、安南、占城、暹罗、琉球、真腊、爪哇、西洋苏门答剌诸番国王，绒绵、织金文绮、纱罗有差，行人吕让，丘智使安南，按察副使闻良辅，行人甯善使爪哇，西洋，苏门答剌，给事中王哲、行人成务使暹罗，行人蒋宾兴，王枢使占城、真腊，行人边信刘元使琉球，翰林待诏王延龄，行人崔彬使朝鲜人，赐纻丝衣一袭，钞二十五锭，使朝鲜者加衣一袭及皮裘、狐帽。"①

"永乐元年十月遣中官尹庆使其地，赐以织金文绮、销金帐幔诸物……三年九月至京师。帝嘉之，封为满剌伽国王，赐诰印、彩币、袭衣、黄盖，复命庆往。"②

"永乐十四年丁卯，古里、爪哇、满剌加……苏门答腊……彭亨诸国及旧港宣慰司史称辞还，悉赐文绮袭衣。遣中官郑和等赍敕及锦绮纱罗彩绢等物，偕往赐各国王。"③

郑和下西洋结束后，赐服基本上是东南亚各国来朝贡时赐予。

宣德元年："赐爪哇国使臣亚烈弗吽等五十二人，暹罗国使臣亚烈珤等二十九人，纱罗、彩币、表里、袭衣、胖袄等物有差，赐亚烈弗吽及通事头目十四人，冠带，仍命各赍敕及彩币、纱罗归赐其国王。"④

宣德四年三月："赐爪哇国使臣亚烈长孙等三十一人，钞、彩币、表里及金织袭衣有差，仍赐亚烈长孙等五人冠带。"⑤

宣德四年八月："赐爪哇国使臣亚烈龚以善等四十六人，钞、纻丝、纱罗、彩币、表里，及金织纻丝衣、绢衣有差，仍赐龚以善冠带。"⑥

景泰五年："壬辰，爪哇国王巴剌武遣臣曾端养哑烈龚麻等来朝，贡马方物，赐宴，并彩币、表里、纻丝、袭衣等物。"⑦

正德三年十二月辛未："满剌伽国王遣副使端亚智等来朝，贡方物。回赐国王莽衣、彩缎、纱罗、文锦，及赏人彩缎、衣服、绢、纱有差。"⑧

除了明朝政府主动赐予外，藩王还向明朝政府要求颁赐冠服。

"景泰三年，因王求讨，给蟒龙衣服一领。使臣、通事、头目等人初到，赏织金素罗衣服、靴袜；正赏纻丝、纱、罗、绢、布。女使并女头目俱同。"⑨

"景泰六年，……已，复入贡，言所赐冠带毁于火。命制皮弁服，红罗常服及犀带纱帽予之。"⑩

"成化十七年，满剌伽国遣正副使端亚妈剌的那查等来朝，贡象及方物。赐宴，并衣服、彩缎等物有差，仍以织金彩缎、文锦等物付使臣归赐其国王及王妃。端亚妈剌的那查等乞赐冠带，与之。"⑪

明朝廷与东南亚这一地区藩国的诸多政治和贸易活动中都伴随着赐服。根据史料记载，对这一地区的赐服在太宗永乐时期最多，最为频繁，这也与当时重大海事活动郑和下西洋的推动相吻合。此后不断递减，一方面因"土木堡之变"后明朝的政治重心北移，另一方面，16世纪西方葡萄牙（佛郎机）入侵东南亚后，这种宗藩关系被打断，赐服外交也就至此结束。

（三）赐服的对象和内容

从记载中，可以看出明朝女性的冠服以官方"赐服"的方式进入这一地区，女性赐服的对象地位不等，人员广泛，既有王室成员王母、王妃，也有女使、女头目等，还有从人（随从），其中主要的女性赏赐对象为王室成员，以王妃为主。且人数众多，以永乐九年为例，"其王率妻子陪臣五百四十余人来朝……妃以下皆有赐"。

赐服的内容包括服装、配饰和丝织品材料，类型多元丰富，所赐服装有冠服、织金通袖膝襕、金罗衣服、素罗衣，绢衣，服饰有靴袜、玉带等。有成套服装——袭衣，有单品。对服装的具体样式鲜有详细的描述，多以材质命名。赏赐的丝织品种类繁多，主要有纱罗、绮、纻丝、纱、帛、绒、锦、缎、绫、绢以及棉布等，这些丝织品中，多为配伍衣料，即成套服装里外的定式用料，单位以

⑧《明武宗实录》卷四十五。

⑨（明）申时行等修：《明会典》卷一百十一《礼部六十九·给赐二·外夷上·爪哇国》，北京：中华书局，1989年。

⑩ 同②。

⑪《明宪宗实录》卷四十七。

"表里"计。无论是布料还是服装数量上很多，如从记载中反映出通过赐服这一条路径，中国大量的服装材料，种类繁多的各式丝绸织物以及棉织物，长期流入这一地区，这对当地文化产生的影响是持久的。这也使得这一地区的居民产生了对丝绸制品的喜爱，并将穿着丝绸制品作为身份的象征。定式用料和成套服装也对这一地区的服装样式产生了深远的影响。受到赏赐的王宫贵族女性成为穿着中国服饰的先行者。各式布料千百匹，衣服或者制作衣服的定式用料几十上百件。除此之外，还有赏赐仪仗和帷幔等。

（四）"褙子"服饰随着赐服外交在东南亚地区产生影响

文献也反映出，明朝的赐服制度对东南亚地区影响时间较长。据《明实录》《明史》记载，从洪武五年（1372）至正德年间，长达150余年明朝都赐服东南亚地区。长时间里，中国服装和材料源源不断地输入，导致的结果是明朝的服饰被当地的王室认可接纳，并向往之。文献中记载，爪哇和马六甲王朝都曾主动请求颁赐冠服，可见15至16世纪，这一地区对中国服饰已经形成仰慕之风，彰显出近代中国在这一地区文化的先进性。"赐服"作为中国服饰文化直接输出方式，为"可巴雅"起源于中国提供了直接的途径，并成为"中国说"的证明之一。

虽然在赐服的记录中没有具体写明"褙子"作为赐服样式，但是明代"褙子"为宫廷贵妇的服装样式，妃、内命妇、命妇以及其他皇亲也都穿着"褙子"。明后期，"褙子"服饰纳入明代等级森严的官方服饰制度中，作为中宫皇后、妃嫔、内命妇的常服，郡王、命妇的礼服，它必将作为赐服的样式之一。此外，在记载中唯一出现的明朝具体的服装样式为"金织通袖膝襕"（见第一章第四节名词释义），顾炎武《日知录》云："弘治间，妇女衣衫仅掩裙腰，富者用罗缎纱绢织金彩通袖，裙用金彩膝襕……"[①]"通袖"是上装衣服的具体样式结构，衣袖连裁，现代服装称为"连袖"，这一服装结构也是早期"可巴雅"的衣袖结构。

通过对海上丝路沿线的实地考察、查阅文献和图像史料进行多

① （清）顾炎武：《日知录》卷二十八《嘉靖太康县志》篇，黄汝成集释，栾保群，吕宗力点校，上海古籍出版社，2013年。

维度研究，可推定"可巴雅"起源于中国明朝时期的"褙子"。在海上丝路贸易繁荣的大背景下，明朝流行于中国大江南北、贵族平民都喜爱的"褙子"服饰，通过官方"赐服"这样的形式传至这一地区。"可巴雅"的形制样式、结构特征和装饰方式与宋、明时期中国直领对襟窄袖"褙子"高度吻合。"可巴雅"中国文化特征鲜明，它是中国文化外溢，并与当地的多元文化不断糅合后，逐渐形成的具有中国文化底色、多元文化融合一体的服饰。后期"可巴雅"在发展演变的过程中不断吸收多元文化，从而形成具有各自地域特点的"可巴雅"。16世纪的马六甲受伊斯兰文化的影响较大，其服装造型由修身变得宽松，呈现宽大、臃肿的特征；印度尼西亚的许多地区成为荷兰殖民地时间较长，"可巴雅"受荷兰军服影响，袖口出现袖开衩结构和装饰；土生华人"可巴雅"以中国装饰特色而独具一格。

# 文化传播融合与
# "峇峇、娘惹"服饰的演变

第一节　娘惹服饰的演变

　　娘惹服饰一直伴随着"峇峇、娘惹"族群的发展变化而变化，初期从马来西亚继承的中式意蕴强烈的"可巴雅"（长衫）与"纱笼"，随着东南亚社会的变化，族群的进一步发展，其在19世纪初期发生西方式的演化，主要集中在上衣"可巴雅"样式的改变。在西方文化的冲击下，"峇峇、娘惹"族群并没有摒弃中国文化，而是坚持中国文化这一底色，自主选择吸收、融合包括西方文化在内的多元文化，最终在19世纪末20世纪初形成自己独特的风格，后期又随着"峇峇、娘惹"族群的迁徙而出现区域化特征。

　　以实地考察和文献资料为依据，下文主要分析娘惹"可巴雅"的样式嬗变过程，总结它的样式特征和后期发展，即从早期所穿"长衫"，到过渡期的荷兰式"可巴雅"，最终形成真正意义上的娘惹"可巴雅"。

### 一、早期：娘惹长款"可巴雅"的形制特征

#### （一）娘惹长款"可巴雅"的形制样式

　　早期的娘惹服饰将当地土著文化、伊斯兰文化与中国文化相结合，具体样式如下：上衣长衫，内穿白色立领长袖小衣（"baju kecil"），搭配下装"纱笼"，脚穿木屐拖鞋，肩部喜爱搭配一方形手帕，佩戴简单的首饰，如图4-1-1左图所示为早期娘惹的长衫样式，它为马来西亚槟城博物馆的藏品。这种长衫样式在当时不是娘惹所特有的，当地马来人以及后来的欧洲殖民者都喜欢穿着。

　　娘惹"可巴雅"是对娘惹样式的特指。娘惹早期服装样式为长款"可巴雅"，主要有印尼式和马来式。表4-1-1所示的图1为印尼式"可巴雅"，直领对襟样式。笔者在实地调研中发现：现存的娘惹长款"可巴雅"主要是马来式，宽大的直身、直领对襟、通肩连袖、窄袖口，整体样式造型扁平、风格保守。这时期的娘惹服饰典型穿搭样式如下：上衣穿马来式长款"可巴雅"，内穿白色立领长袖小衣，搭配下装"纱笼"，脚穿木屐拖鞋或珠绣鞋，肩部

图 4-1-1 早期娘惹长衫和 "Rubia" 布料娘惹长衫

表4-1-1　各时期娘惹"可巴雅"实物、形制样式、色彩、材料和装饰对比

| 时期 | 形制 | | 实物图及图片来源 | 形制样式图 | 特征 |
|---|---|---|---|---|---|
| 早期 | 长款"可巴雅" | 印尼式 |  <br>图1　印尼日惹王宫藏 | 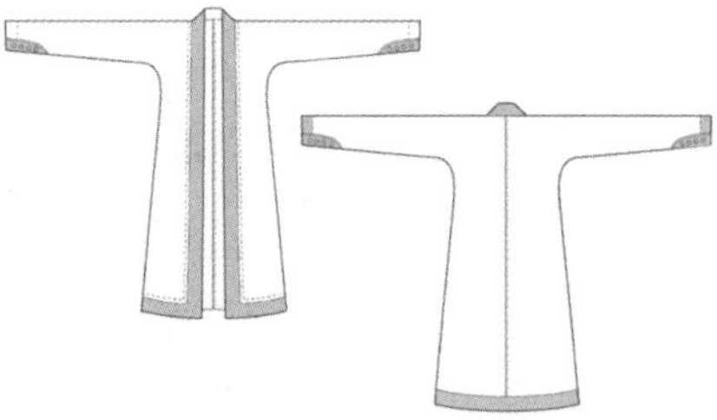 <br>图2　印尼式款式图 | 直领对襟,金线刺绣装饰 |
| | | 马来式 |  <br>图3　马六甲峇峇娘惹博物馆藏 | 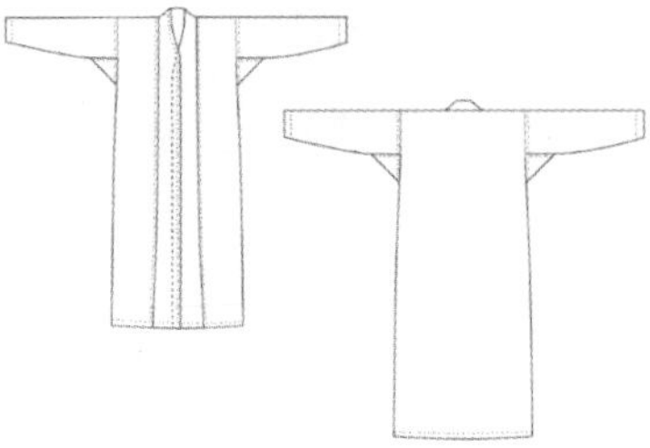 <br>图4　马来式款式图 | 蓝、褐色系,当地本土棉布 |
| 19世纪 | 荷兰式娘惹"可巴雅" | 平衣角式 |  <br>图5　新加坡娘惹博物馆藏 |  <br>图6　平衣角式款式图 | 白色蕾丝装饰 |
| | | W形衣角式 |  <br>图7　新加坡娘惹博物馆藏 | 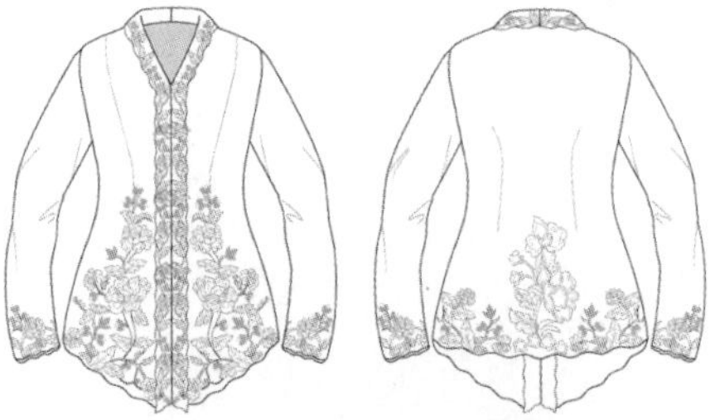 <br>图8　"W"形衣角式款式图 | W形衣角,大面积蕾丝或刺绣装饰 |
| 20世纪初 | 短款"可巴雅" | |  <br>图9　马六甲鸡场街古董店藏 | 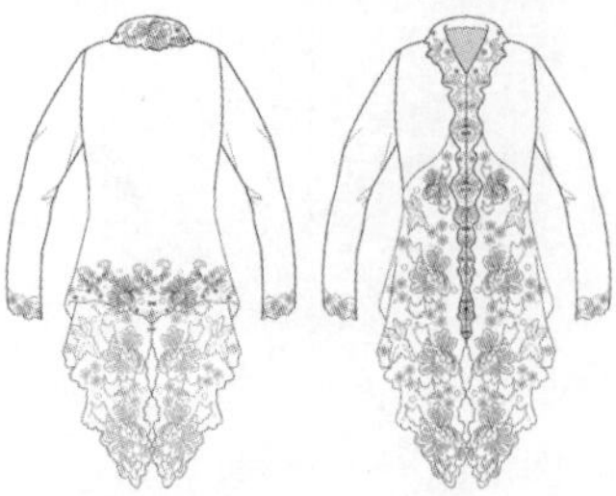 <br>图10　短款"可巴雅"款式图 | 高纯度、高明度色系,中国吉祥图案,元化图案 |

喜爱搭配一方形手帕，佩戴马来风格首饰扣合门襟。表4–1–1是各时期娘惹"可巴雅"实物、形制样式、色彩、材料和装饰对比。表4–1–1中图3为三款娘惹长款"可巴雅"，马来西亚马六甲"峇峇、娘惹"博物馆的藏品，它们是早期娘惹所穿着的马来式"可巴雅"，图3中图是爪哇王朝、马六甲王朝的宫廷和贵族崇尚的褐色系，图3右图是中国人常用的靛蓝色系。蓝色和褐色是早期娘惹长款"可巴雅"的主要色系，整件服装多为单色苏门答腊纺织棉布（"chalay"）。

### （二）娘惹长款"可巴雅"的后期演变

西方殖民者在16世纪到达东南亚各国，1511年葡萄牙灭亡马六甲王朝，以此为开端在今后300多年的时间内，西方殖民者逐步瓜分和侵占该地区。与此同时，中国人移居东南亚的人数也达到了前所未有的高峰。至19世纪英国海峡殖民地时期，"峇峇、娘惹"族群迎来了发展的黄金时期。

政治格局的风云变化，同样影响到娘惹长衫材料的变化，一种由欧洲殖民者带来的"Rubia"布料，成为制作娘惹长衫的主要材料。这是一种类似于薄纱的平纹棉织物，又称"玻璃纱"或"巴厘纱"，质地轻薄，透明度好，清凉透气，手感挺括，且具有更加优良的染色性。西方文化的影响使得娘惹的审美观念发生了改变，19世纪娘惹穿着的长款"可巴雅"的样式开始发生变化，逐渐展现女性的身材美，变得立体修身，出现侧收腰结构线，衣长变短至小腿，色彩变得鲜艳丰富。后期长款娘惹"可巴雅"一直不断地发展延续，成为娘惹着装体系的一部分，既是老年人喜爱的样式，同时也作为婚礼服样式之一。

### 二、过渡时期：荷兰式娘惹"可巴雅"形制特征

#### （一）荷兰式"可巴雅"

16世纪后，葡萄牙、西班牙、荷兰、英国和日本等殖民者入侵东南亚地区。1619年荷兰的"东印度公司"，在巴达维亚（今印

度尼西亚首都雅加达）建立公司新总部，开始了在印度尼西亚长达300多年的殖民统治。生活在印度尼西亚的荷兰女性开始穿着长款"可巴雅"，为了彰显自己的身份，她们用从荷兰进口的蕾丝进行装饰，装饰部位沿袭印尼式"可巴雅""领抹"的装饰部位，但面积却大得多。"可巴雅"样式在这一时期由长衫变为长至大腿根部的短衣，衣摆水平，衣身呈长方箱体形；衣领由直领对襟变为"翻领"对襟，门襟也顺势向两边翻折，门襟处使用三枚小型胸针扣合；前、后衣片由中国式"十字形"连裁变为西式断开裁剪。长款"可巴雅"最开始是荷兰女性的家居服、睡衣，所以常用白色。简洁、素雅的白色和蕾丝装饰成为荷兰式"可巴雅"的重要特征。

（二）荷兰式娘惹"可巴雅"的形制样式特征

1. 平衣角式

来自欧洲的蕾丝成为社会阶层和家族财富的象征，娘惹模仿荷兰女性穿着蕾丝"可巴雅"成为流行时尚。娘惹所穿着的荷兰式"可巴雅"，一方面继承其白色和蕾丝标识性的特征，另一方面也将华人所喜爱的吉祥图案定制成白色蕾丝，应用在服装上，例如龙、凤、牡丹纹样的蕾丝。装饰的部位由服装的边缘向衣片蔓延，有的甚至整件服装都用蕾丝制作。表4-1-1中图5、图7均为新加坡"峇峇、娘惹"博物馆藏品，其中图5是一件典型的娘惹穿着的荷兰式平衣角式蕾丝"可巴雅"。

2. "W"形衣角式

20世纪初期娘惹蕾丝"可巴雅"的服装样式开始发生变化，如表4-1-1中图7所示，对比图6和图8两者的结构款式可以发现：一是服装造型由长方形箱体变为"X"形，服装两侧出现收腰；二是娘惹"可巴雅"的衣摆由水平变为尖角，衣片前长后短，尖角的最低端长至膝盖附近，娘惹在穿着时衣角会随人体胯部结构向左、右两边打开，呈"W"形；三是蕾丝装饰重点在"W"形衣角，蕾丝沿门襟斜向上至胸前，与衣领相交，后衣摆边缘和袖口也都装饰有蕾丝花边。这是处于过渡时期的娘惹"可巴雅"样式。

### 三、成型期：娘惹"可巴雅"的形制与要素特征

娘惹"可巴雅"在20世纪20至30年代，终于形成自己独有的风格特征和着装体系。仍采用上衣下裳的服装形制，上装更加短小，成为新的娘惹服装样式。短款娘惹"可巴雅"通常搭配下装裹裙"纱笼"，着珠绣鞋，既精致、端庄、典雅、朦胧、性感，又不失活泼、灵动。服装整体造型短小，立体修身，左右对称，色彩鲜亮，大面积装饰刺绣镂空图案，如表4-1-1中图9所示。

具体样式如下：衣领为翻领，领口线下移，呈鸡心形，将娘惹修长的颈部露出；收腰、对襟、窄袖；衣长变短至臀部，衣片前长后短，前衣下摆呈"W"形，增加纵向延伸观感，使得视觉上娘惹身材更加修长；无侧开衩、整体风格隆重典雅，同样采用胸针扣合门襟。娘惹"可巴雅"的色彩更加艳丽，且饱和度高，既有中国传统的大红、粉红色，也有马来人喜爱的土耳其绿等。[①]它注重装饰，手法不仅采用中国传统的刺绣和镂空，还将西方的蕾丝花边用来装饰。刺绣装饰图案既有中国传统纹样，也有具有东南亚风情的植物、花鸟图案和欧洲文化元素的图案出现在娘惹"可巴雅"中。图案布局以人体中心线为轴线左右对称分布，呈现端庄、典雅的风貌。

制作材料和工艺也更加多样，材料上既有中国丝绸、印度的精纺棉布，也有西方的工业制品；装饰工艺既有欧洲的蕾丝、中国的手工刺绣，也有受西方工业文化影响的手推绣、镂空等。

### 四、后期：娘惹"可巴雅"的形制发展

20世纪四五十年代，娘惹"可巴雅"更加立体化，更加合体，袖子也由一片袖变为更加立体合身的两片袖。随着中国移民由马六甲向新加坡和槟城南北两地迁移，不同区域的娘惹"可巴雅"在细节上呈现出不同的特点。马六甲、新加坡与爪哇岛距离较近，多受爪哇文化、马来文化的影响，娘惹"可巴雅"的风格变得素净、典雅，色彩以单色为主，小面积刺绣散点式点缀着整件"可巴雅"，

① 曹植勤：《马来西亚的"娘惹文化"》，载《南宁日报》，2007年9月4日，第7版。

图4-1-2 马六甲式娘惹"可巴雅"　　　图4-1-3 槟城式娘惹"可巴雅"

以植物花草纹样为主的连续图案装饰服装的边缘，如图4-1-2（图片拍摄于马来西亚国家博物馆）所示。槟城娘惹"可巴雅"装饰图案的中国传统文化元素更多，整体风格更加华美，"W"形衣角较大，大面积绣花，图案的位置从"W"形衣角沿门襟一直延伸到胸膛，衣领、袖口也有面积较大的刺绣图案，这样的"可巴雅"被称为"kebaya rendah"①，如图4-1-3（图片拍摄于马来西亚槟城博物馆）所示。

　　后来各区域又趋于统一，逐渐形成简单、素雅的日常装娘惹"可巴雅"，以及隆重、华丽的礼服装娘惹"可巴雅"。现代生活中的娘惹"可巴雅"基本上是延续了20世纪四五十年代的华美风格。

　　东南亚土生华人——"峇峇、娘惹"族群是海上丝路上华人与东南亚本地居民交融形成的，它是中国与东南亚民族关系深厚、历史渊源久远的一个重要呈现。娘惹"可巴雅"是"峇峇、娘惹"族群文化的外在表现和视觉符号，它所折射出的族群文化，具有鲜明的中国特征，是中国文化在海外生根发芽的子文化。纵观其整个形

① 马阳：《峇峇娘惹服饰文化研究》，载《消费导刊》，2018年第22期，第18页。

制演变过程，娘惹"可巴雅"中国文化特征鲜明，多元文化的融合共生中，中国文化作为底色贯穿始终。土生华人执着的"中华情结"和坚定的"文化自信"是娘惹"可巴雅"服饰呈现中国文化特征的内因。16世纪后东南亚格局动荡，各国沦为欧洲各强国的殖民地和保护地，西方文化随着殖民统治融入这一地区，并成为先进文化的代表，族群主动向先进的文化靠近，后期娘惹"可巴雅"在坚持和延续中国文化的基础上融合创新，确立自己的服装形制。这印证了中国文化近现代在海上丝路上传播和发展，展现出强大的生命力、影响力和包容共生性的事实。

### 五、中华文化基因是娘惹"可巴雅"的灵魂

纵观娘惹"可巴雅"的演变发展，其外观样式在变、结构在变、色彩在变、制作材料在变，唯一延续不变的是它的内核——中华基因，这一基因来自它所传承的父系带来的中国传统文化。

#### （一）"可巴雅"的中国明朝溯源

有观点认为"可巴雅"起源于中国明朝，后流传于马六甲、爪哇、巴厘岛、苏门答腊等地，这些地区正是明朝郑和下西洋途经的东南亚国家。"十三世纪，伊斯兰教随着阿拉伯商船抵港开始传入马来半岛。与此同时，大批中国穆斯林的到来也使得伊斯兰教开始被广泛传播。本身就是民族文化借鉴与融合杰作的明朝服饰，在当时也受到当地马来人的欢迎，此外中国服饰宽大的裁剪也完全符合伊斯兰教教义的要求。于是，马来人将中国服饰作为原型，设计了长款哥巴雅，作为女士服装一直沿用至今。"[②] 这里所说的"大批中国穆斯林"正是指的郑和的下西洋船队，明政府曾派遣郑和颁赐服给东南亚诸国藩王。

> 永乐十年十一月……丙申，遣太监郑和等赍敕往赐满剌加……彭亨、急兰丹……诸国王锦绮纱罗彩绢等物有差。[③]

② 梁燕：《马来西亚的女性服饰》，载《回族文学》，2010年第1期，第72页。

③《明实录》卷一百零三。

赐服作为明朝和平外交的政治制度，中国史书曾多次记载明朝政府赐服给这一地区的马六甲和爪哇王朝等。

永乐元年十月……三年九月至京师。帝嘉之，封为满剌伽国王，赐诰印、彩币、袭衣、黄盖，复命庆往……

明年，郑和使其国，旋入贡。九年，其王率妻子陪臣五百四十余人来朝……赐王金绣龙衣二袭，麒麟衣一袭，金银器、帷幔衾褥悉具，妃以下皆有赐。将归，赐王玉带、仪仗、鞍马，妃赐冠服。①

永乐十四年十二月丁卯，古里、爪哇、满剌……彭亨诸国及旧港宣慰司使臣辞还，悉赐文绮袭衣。遣中官郑和等赍敕及锦绮、纱罗、彩绢等物偕往，赐各国王。②

甚至主动要求明朝政府颁赐冠服，"景泰六年，……已，复入贡，言所赐冠带毁于火。命制皮弁服，红罗常服及犀带纱帽与之"。③

明朝赐服制度对东南亚影响时间较长，从洪武（1368—1398）到正德（1506—1521），跨越两个世纪（15、16世纪）一百多年的时间。赐服的受众人群庞大，以永乐九年（1411）为例，五百多人来朝贡，王、妃按照明朝品阶赐予服装和服饰，而妃以下都有其他赏赐；品类丰富，有锦、绮、纱、罗、彩绢等；有单品有套装，袭衣为套装称呼。明朝在这一地区设有正式行政机构"旧港宣慰司"，这一行政机关的人员也同样受赐对应品阶的服装、服饰。可见，中国明朝服饰以及文化被这一地区所接纳，对当地的服装产生深远的影响，"可巴雅"在东南亚的出现正是这一影响的结果。

（二）中国色彩文化在娘惹"可巴雅"中的传承与突破

中国人认为色彩本身是形成宇宙的重要因素，受阴阳五行观念的影响，"五行"对应在中国传统服饰的色彩上，为"青、红、皂、白、黄"五大正色。其中"红"与"青"（蓝）两个色系在娘惹"可巴雅"中传承最为突出。

### 1. 中国红

中国红既是一个专指，也是一个色系。中国红专指朱红，古人称为"赤"，《说文解字注》："赤，南方色也，从大从火。"[④] 红色是华人的文化图腾和精神皈依，是中国文化的一个特定符号。它象征着吉祥、热闹、祥和，红色的服装给人喜庆之感和尊贵之意。在中国传统婚礼中，红色是主基调。娘惹对红色也特别偏爱，这种偏爱是中国红色文化的延续。在日常生活中，红色是娘惹"可巴雅"主要色系之一，粉红、正红、朱红、洋红等红色系的服装最为常见。娘惹的婚礼服也同样延续中国红色系，婚礼当天一般选择正红的婚礼服，如图4-1-4所示为槟城"峇峇、娘惹"博物馆藏品红色娘惹婚服。结婚第三天回娘家则穿粉红色长款"可巴雅"，如图4-1-5所示为新加坡"峇峇、娘惹"博物馆藏粉红色款"可巴雅"。

### 2. 中国蓝

中国人对蓝色情有独钟，《劝学篇·荀子》中有："青，取之于蓝，而青于蓝"，又作"青出于蓝而胜于蓝"[⑤]。青与蓝本属于同一色系。在中国文化中，青蓝色所具有的意义不是一般意义上的颜色所能够涵盖的。中国人对青蓝色的这份情感，同样带到了娘惹"可巴雅"中，通过蜡染工艺获得蓝白印花。蓝白配色给人肃穆、静默的感受，娘惹服装色彩体系中蓝色成了丧葬用色，如图4-1-5所示为新加坡"峇峇、娘惹"博物馆藏品，是服丧期间死者家属所穿着的深蓝色和白色蜡染的娘惹"可巴雅"。"峇峇、娘惹"的丧礼延续中国"披麻戴孝""守孝三年"的传统，在守孝三年中常服的色彩有明确规定：第一年为黑、白两色，第二年为青色，第三年为浅青色。中国蓝成为海外华人后裔——"峇峇、娘惹"族群的思乡之色，承载着他们"遵祖先、重孝道"的生活伦理。

娘惹"可巴雅"的用色没有一味地墨守成规，而是大胆突破。明黄色自唐朝以来被用作皇家专用色，是统治阶级皇权的象征，禁

④（清）陈昌治：《说文解字注》，卷十，南京：凤凰出版社，2015年。

⑤（春秋）荀子：《劝学篇·荀子》，长春：吉林出版集团有限责任公司，2011年。

第四章 文化传播融合与"峇峇、娘惹"服饰的演变

图 4-1-4　红色娘惹婚服 "可巴雅"　　　图 4-1-5　粉红色娘惹 "可巴雅"　图 4-1-6　娘惹蓝色丧服

止平民使用，但是娘惹 "可巴雅" 打破这一特权，黄色系也为其所用。

## （三）中国吉祥文化成就娘惹 "可巴雅" 的独特性

吉祥图案装饰艺术是中国特有的文化现象，是植根于中国本土的民俗观念。英国人类学家布罗斯尼拉夫·马林诺夫斯基（Malinowski）在《文化论》中指出："文化是一个组织严密的体系，同时它可以大致分成两个方面：器物和风俗。"[①] 娘惹 "可巴雅" 主要是通过装饰服装的吉祥图案纹样，传承中国的传统吉祥文化，正是这一因素成就了娘惹 "可巴雅" 的独特性。

明代中国吉祥纹样已发展成熟，清代更是吉祥纹样发展的高峰期，"吉祥" 几乎是当时装饰的唯一主题。吉祥纹样题材广泛，这一点在娘惹 "可巴雅" 中有非常好的传承，各类型题材都有涉及。首先，娘惹 "可巴雅" 传承了龙、凤、牡丹等中国最具代表性的吉祥纹样。其次，吉祥纹样往往具有雅俗共赏的艺术效果，选择朴素的题材，以常见的手法来表现通俗的寓意，使纹样生活化，内容清

① （英）马林诺夫斯基：《文化论》，费孝通译，北京：中国民间文艺出版社，1987年。

新易懂、生动传情。娘惹"可巴雅"上的"大吉大利"图案纹样正是这一类型吉祥纹样的体现。再次，吉祥纹样以象征、寓意、比拟、表号、谐音、文字等手法来表达观念，娘惹"可巴雅"中也有许多这一类型的吉祥图案，如兰花和蝴蝶组成的图案——"蝶恋花"寓意爱情的美好，兰花象征着女子高洁的品质。中国汉字经过图形化后也成为吉祥图案的一种，常见有"福""禄""寿""喜"等字，寓意生活多福、多寿。

众多中国吉祥纹样中娘惹尤其偏爱植物花草题材，花卉纹样既有缠枝的，也有折枝的。缠枝花卉纹样延续宋元以来的花大叶小的形式，更加注重对自然形态的模拟以及花蕊和叶脉等细节的刻画，打破原有的程式化的结构，突破中国缠枝花原先受阿拉伯装饰艺术影响的"缠枝、涡卷"的固有模式，注重表现花草植物的生长气韵，造型更加自由。如图4-1-7所示，纹样着重表现花草的向上生长气势，主花造型写实、饱满大方、体量硕大，体现富裕荣华的气象，弱化的小菊花和叶穿插其中，花蕊、叶脉等细节有清晰的表现。折枝花同样延续了宋元以来的"生色花"的风格，风格写实且完成由自然形向艺术形的转化，更加注重纹样的寓意，蜂、蝶等昆虫也时常出现繁花中，为了增添生动、自然的情趣，如图4-1-8所示，折枝花与飞舞的蝴蝶相映成趣，构成寓

图4-1-7　"富贵牡丹"装饰的娘惹"可巴雅"（资料来源：新加坡黄俊荣先生藏品）

图4-1-8　折枝花装饰的"可巴雅"（资料来源：印度尼西亚纺织博物馆）

意爱情美满的"蝶恋花"图案。娘惹"可巴雅"处于多元文化汇集地区，对吉祥寓意的表达也呈现丰富多彩的形式，在中国吉祥纹样基础上，吸收了多元文化后形成了新型花草纹样，寄托表达了对美好生活的渴望。

此外，娘惹"可巴雅"是东西方审美文化的融合，它展示女性的曲线美，却不张扬与暴露，更多是追求中国人所推崇的意境朦胧之美。

娘惹"可巴雅"是海上丝路上多元文化交流融合的产物，它的早期样式——长款"可巴雅"与中国明朝的直领对襟窄袖"褙子"高度同源。纵观娘惹服饰的整个演变过程，它以中华文化作为底色，不断吸收融合当地马来文化、伊斯兰文化、西方文化等多元文化，但在整个过程中，中华文化从未褪色，始终保持鲜明的特征。正是这一鲜明的文化特征，成就了娘惹"可巴雅"。这一过程印证了中华文化强大的生命力以及她的独特性、开放性和包容性。娘惹"可巴雅"是中华文化的海外延伸，中华文化在异域生根发芽，丰富了东南亚地区的服装样式。

## 第二节　峇峇服饰的涵化

文化传播是人类生活不可缺少的交往活动，英国学者特伦斯·霍克斯认为："人在世界上的作用，最重要的是交流。"[①]文化传播交融是峇峇服饰演变的主要动因，它的演变方式有两种：一种是峇峇服饰的自主选择性演变，一种是外来强势文化冲击下峇峇服饰的被动涵化。

### 一、承袭自中国的男装样式

涵化，或称为文化移入，也有人称文化接触变容，是一种特殊的传播。它是指两个独立的文化传统由于持续的接触而引起一种或两种文化产生的广泛的变迁。涵化强调两种文化长期互动和

① [英]特伦斯·霍克斯：《结构主义和符号学》，上海译文出版社，1987年，第127页。

全面接触，其结果是使得双方或一方原有的文化体系发生大规模变迁。

　　峇峇服饰最初承袭中国文化，每个年龄阶段的服装样式也基本上一样，从现存的视觉资料上看，早期峇峇的服饰基本上是来自中国的绸缎衣衫、大脚裤、厚底鞋。图4-2-1是新加坡国家博物馆收藏的19世纪中叶艺术家施吕特（E-Schluter）的水彩画，在他的艺术作品中可以看到新加坡中国男性的形象。该图描绘的是几位中国男性在新加坡街头，长辫子的形象格外引人关注，这是中国辛亥革命前中国男性的发式，画中男性所穿着的服装也与中国南方地区男性的服装基本一致，他们身穿对襟或斜襟上装（白色）、阔腿裤（蓝色），脚踏厚底鞋或赤脚。图4-2-2、图4-2-3所描绘的是马来人婚礼的场景，画面右下角坐着的正是一位头戴斗笠的华人男子。

图4-2-1　19世纪中叶新加坡华人男子在水彩画中的形象

　　纸面水彩作品《新加坡华族移民写照》，1858年，作者：施吕特，新加坡国家博物馆收藏

图4-2-2　绘画作品中的华人男子形象　　图4-2-3　绘画作品中的马来婚礼场面

纸面水彩作品《龙根舞表演》，1858年，作者：施吕特，新加坡国家博物馆收藏

　　早期的峇峇形象在视觉图像中有所呈现，图4-2-4、图4-2-5所示为身穿短衫、深色阔腿裤，脚踏厚底鞋或皮鞋的峇峇形象。其中图4-2-5所示为身穿深色对襟衫、白色阔腿裤，脚踏厚底鞋的峇峇，与中国同时期典型的汉族男子形象一致。

## 二、接纳西方的男装样式

　　随着西方殖民者的出现，以1619年荷兰在巴达维亚（今印度尼西亚首都雅加达）成立东印度公司为标志，大量的峇峇参与到这一地区的贸易中，他们开始接触西方文化，学习西方的服饰文化，在对外正式的场合开始穿着西式服装，日常家居服饰逐步西化，婚礼中男性服饰也主要参照西方的服饰形制样式，如图4-2-6。"当一个群体或社会与一个更为强大的社会接触时，弱小的群体常常被迫从支配者那里获得文化要素。在社会之间处于支配—从属关系条件下广泛借取过程通常称为涵化。与传播相比，涵化是某种外部压力作用的结果。"[①] 峇峇服饰的逐步西化与同一时期娘惹服饰的演变不同，为了更好地生活，峇峇经常需要与当时的西方殖民者交流，强势的西方文化会对其产生涵化，峇峇逐渐改变自己原来的中

① [美]卡尔·恩伯（Enber.C），梅尔文·恩伯（Enber.M）：《文化的变异——现代文化人类学通论》，杜彬彬译，沈阳：辽宁人民出版社，1988年，第565页。

图4-2-4　峇峇在家中的形象

图4-2-5　穿着中式服装的峇峇

图4-2-6　峇峇（右）穿着西装三件套（西服、西裤、马甲）和衬衣、佩戴领结

国服饰，接纳西方服饰。而身居闺阁的娘惹，长期生活在自己族群的小圈子中，因与外界接触的机会较少，这使得娘惹服饰变化缓慢。

峇峇服饰的涵化过程伴随着碰撞、适应、融合的过程，首先是峇峇身上的中华文化基因与当地马来文化的碰撞融合，当这两种东方文化相遇时，中国文化表现出了它的先进性、包容性和开放性，早期的峇峇穿着沿袭中国服装形制样式；其次是19世纪以来海洋移民潮与资本主义全球体系构建的背景下，东西方文化碰撞、融合发展，峇峇的服装在外观样式上逐步西化。

# 娘惹典型服装的形制样式特征

① 梁明柳、陆送：《峇峇娘
惹——东南亚土生华人族群
研究》，载《广西民族研究》，
2010年第1期，第1页。

## 第一节　中式意蕴的娘惹"可巴雅"

娘惹长款"可巴雅"又称"长衫"，它是娘惹极具代表性的服装，它既为娘惹日常所穿，也是娘惹的礼服样式之一。它贯穿于娘惹服装的整个演变过程，更折射出多元文化的交汇融合。

中国自古以来就与东南亚关系密切，据中国史料《汉书·地理志》记载，早在汉代中国已经与东南亚诸国有贸易往来，开辟了海上丝路。宋元时期中国开放的海外贸易政策，使得中国与东南亚交往日趋频繁。至明朝，以"郑和下西洋"为标志，中国与东南亚的关系进入更为紧密的历史时期，大量的中国人移居东南亚，而后来明朝的"海禁"政策，使得许多中国人滞留在东南亚，华人移民与当地土著通婚繁衍逐渐形成"峇峇、娘惹"族群。东南亚华人族群约形成于明朝，盛于清朝。①"峇峇、娘惹"族群中的女性沿用历代传下来的穿着样式。

约在19世纪末20世纪初，娘惹长衫样式日趋西化，首先是出现收腰，娘惹服装的下摆线变短至臀围线附近，欧洲生产的蕾丝、花边成为娘惹服装的流行装饰材料。后来的娘惹衫强调胸、腰、臀差，形成了短款"可巴雅"娘惹上衣样式。

### 一、娘惹长衫的基本特征

#### （一）早期娘惹长衫的基本特征

早期的娘惹长衫整体造型呈宽松的"H"形，左右两边对称，呈平面结构，前后衣片平面连裁。具体样式如下：直身无收腰，衣长至脚踝处；直领、对襟，领和门襟处有贴里或双层面料，以使其平整，直领和门襟处分割线从肩部直通到服装底摆；肩部有接袖，袖笼宽大袖口窄小；无省道、无开衩、无扣襻，使用胸针（"keronsang"）扣合前门襟。

这时制作娘惹长衫的材料多就地取材，主要为东南亚本地和从印度进口的棉织物，16世纪至17世纪，棉花已在东南亚广泛种植，大部分东南亚人穿戴棉织品。[②] 其中以苏门答腊岛和印度产的平纹棉织物最为常见，[③] 随着中国与东南亚贸易的繁荣，中国丝绸也成为制作长衫的材料。娘惹长衫的色彩多以单色系的褐色、黄棕色为主，青（靛蓝）色也有使用，如图5-1-1所示为早期娘惹长衫的常用色系，染色工艺为植物染色，染色材料用蓝靛、番红花、红色棉花壳以及从各种植物根茎提取的精汁。主要装饰手法有印染图案和纺织图案两种，图案纹样多为简单的平面几何图形，印染图案以点组合成的各式"花形"最为常见，如图5-1-2所示，细小而且密集的图案均匀布满整件长衫。纺织图案常见有经纬向色织条纹、方格和提花几何图案等，如图5-1-3所示。

② [澳]安东尼·瑞德：《东南亚的贸易时代：1450—1680第一卷季风吹拂下的土地》，北京：商务印书馆，2013年，第132—136页。

③ Eredia,Manoel Godinho de: "Eredia' s Description of Malacca,Meridional India,and Cathay," trans. J.V.Mills.JMBRAS8,1631, p11-84.

### （二）西方殖民统治时期娘惹长衫的变化

进入西方殖民统治时期的娘惹长衫开始发生变化，主要表现在以下几个方面：

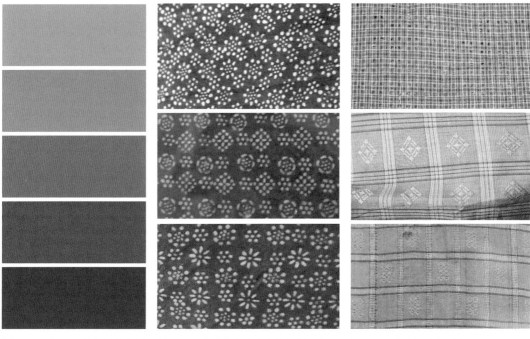

图5-1-1　早期娘惹长衫的常用色系　　图5-1-2　以点组合成的花形印染图案　　图5-1-3　几何形纺织图案

1. 娘惹长衫的质地和色彩变得更加丰富

"Rubia"布料，即"巴厘纱"逐渐取代了东南亚本地的棉织布，基于材料和工艺的变化，娘惹长衫的色彩变得鲜亮起来，高明度的淡绿、粉红、淡紫以及高饱和度的红色、黄色，开始在娘惹长衫中使用。娘惹长衫的色彩也不再只选择单色系，而是选择具有强烈对比感的多色和复色。如图5-1-4所示为色彩鲜艳、对比强烈的"巴厘纱"娘惹长衫，这几件娘惹长衫均为"土生华人"博物馆藏品。

2. 图案纹样夸张、立体、写实，题材多样

与早期娘惹长衫中细小、平面、几何化的图案比较，这时期的图案造型体量变大，且立体、写实。图案题材更加多样化，既有植物花草图案，也有动物、几何形图案；既有中国风格的图案，也有伊斯兰、欧洲风格的图案。众多图案中，以花束造型图案纹样最具特色，这是由各种花草组成的一种立体、写实图案。中国风格的写实花束图案在创作手法上借鉴了工笔花鸟画的技法，花朵的描述上

图5-1-4　"巴厘纱"娘惹长衫

图5-1-5 立体写实花束图案（花束与蜂、蝶组合）

通过线描的方法表现花草的生长气韵，常将植物与动物图案组合，并取吉祥寓意，如"蝶恋花""凤凰牡丹"等；欧洲风格花束图案则强调光影效果，通过不同的明度套色来展现花卉的立体效果。后期这两种风格的图案相互融合，图5-1-5所示为强调光影效果的欧洲风格花束图案与有吉祥寓意的蜂、蝶相结合。娘惹长衫图中的动物的图案较少、较小，或者只用动物的局部。花束图案以四方连续的形式布满整个长衫，其中以具有热带风情的植物花草图案最受青睐。

此外，制作和装饰工艺也工业化，娘惹长衫样式、结构逐渐发生变化。

（三）作为礼服的娘惹长衫特征

"峇峇、娘惹"族群极为重视婚、丧礼仪，他们的婚礼秉持中国明清时期传统礼制，婚礼时间长达12天，婚礼的第一天、第三天和最后一天最为隆重，娘惹长衫是婚礼第三天娘惹"回娘家"时所穿着的礼服。作为礼服的娘惹长衫服装款式结构与日常相比并无太大变化，但色彩多为喜庆而不失优雅的粉红色，材料多为质感华美且富有光泽感的中国丝绸。风格更加华美，且注重装饰，多采用提花图案或刺绣图案装饰服装，图案纹样多沿用中国传统吉祥纹样。马六甲、新加坡的娘惹婚礼长衫相对素雅，多采用提花图案装饰。槟城的娘惹婚礼长衫的图案装饰最具中国特质，如图5-1-6所示为槟城娘惹博物馆所藏的新娘礼服长衫，采用"金线绣"和兔毛装饰，兔毛装饰寓意"多子多孙"，沿袭中国人"人丁兴旺"的传统观念。"金线绣"图案布满整件服装，图案布局采用中国人最喜爱的左右对称方式，图案纹样的样式以及吉祥图案寓意皆来自中国，这件长衫绣着向上生长的莲花、兰花等植物花草图案，它们预示着顽强的生命力和高洁的品质，袖口和"孔雀开屏""海水江崖"纹等图案象征着权力和富贵，如图5-1-7、图5-1-8所示。

图5-1-6　槟城娘惹博物馆所藏的新娘礼服长衫（正面及背面）

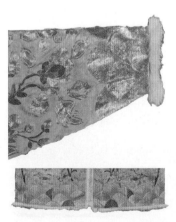

图5-1-7　"海水江崖"纹和兔毛装饰　　图5-1-8　金线绣的"孔雀开屏"

"峇峇、娘惹"的丧礼也同样延续中国"披麻戴孝""守孝三年"的传统，丧礼期间"峇峇、娘惹"着麻衣。在守孝三年中常服的色彩有明确规定：第一年为黑、白两色，第二年为青（藏蓝）色，第三年为浅青色（绿色）。娘惹长衫也根据丧葬礼仪的色彩要求制作。

### 二、娘惹长衫的多元、融合特征

娘惹长衫除了表现出强烈的中国特征外，同时也折射出当地土著文化、伊斯兰文化、印度文化、波斯文化，以及后来西方殖民者带来的西方文化的身影。多元融合是娘惹长衫另一重要特征。

#### （一）多元化的色彩融合应用

东南亚当地王朝的宫廷贵族崇尚"褐色"，褐色系为宫廷贵族色彩，当地的这一审美影响到早期娘惹长衫的用色。由深褐色、褐色、黄棕色、土黄色等组成的褐色系成为早期娘惹长衫的主要色系。中国人所喜爱的传统颜色青色、红色，也成为娘惹长衫婚、丧礼仪的专用色系。而马来人的吉祥色——土耳其绿也深受欢迎。[①]后来受西方殖民者的影响，娘惹长衫的色彩更加绚丽多姿，尤其受当时欧洲主流艺术风格"洛可可"的影响，嫩绿、粉红、玫瑰红等鲜亮明快的色调成为娘惹长衫后期的流行色。土著贵族的褐色系、中国青、红色系、马来人的土耳其绿、洛可可艺术色系均为娘惹长衫所用，融合的多元色系成为娘惹长衫的色彩特征。

#### （二）多元化的材料选择

娘惹长衫的材料最开始选择东南亚当地的棉织物，以及从印度进口的棉纺织品。后来，中国丝绸经过海上丝路运送到东南亚，富有光泽且华美的各色平纹绸、提花缎等优良织物成为制作娘惹长衫的又一选择。欧洲工业革命给纺织产业带来巨大变革，工业化所生产的各色织物和装饰材料，使制作娘惹长衫的材料更加丰富和多元。逐步形成日常娘惹长衫多选择印度棉和欧洲工业化生产的"巴厘纱"，而婚礼礼服多用丝绸的惯例。

① 张娅雯、崔荣荣：《东南亚娘惹服饰研究》，载《服饰导刊》，2014年第9期，第56—60页。

### （三）多元化且融合的图案纹样

娘惹长衫的图案纹样多元化且相互融合。早期的娘惹长衫装饰图案纹样以简洁的平面几何形、植物纹样为主，后来受中国文化的影响，中国的吉祥图案纹样（动物、植物、人物、风景、建筑等）以及官服纹样出现在娘惹长衫上。中国文化特征的图案与当地的伊斯兰文化、海洋文化及热带自然风情相结合，产生新的图案纹样。西方文化和先进的工业技术由西方殖民者带到东南亚，娘惹长衫的图案纹样受其影响，造型变得立体、写实，带有西方文化特征的图案纹样题材与当地的各种文化题材纹样相融合，形成多元化的娘惹长衫装饰图案。

娘惹长衫样式中国特征鲜明，它与中国明朝时期的"褙子"服装渊源甚深，随着东南亚政治格局的变化，娘惹长衫开始呈现西方审美文化特征，形成了更加融合多元且极具东南亚风情的娘惹长衫。娘惹长衫是中华文化在海外落地生根的一个见证，它既是中华文化在海外绽放的花朵，也是多元文化融合的产物，更是中华文化在和平环境下在海上丝路沿线传播和交流的"活标本"。在服装样式的变化过程中，我们可以看到海外华人对母体文化的坚持，也可以看到基于实际情况对在地土著文化的融合，还可以看到后来对代表更先进的西方工业化文化的吸收。正是华人的这种学习精神和中国文化的包容性，造就了中国特征鲜明又融合多元文化的娘惹长衫。

### 三、凹凸有致的娘惹短款"可巴雅"

20世纪二三十年代，娘惹服饰终于形成自己独有的风格特征和着装体系，成为真正意义上的娘惹"可巴雅"。服装整体风格精致、端庄、典雅，朦胧性感又不失活泼灵动。这时的娘惹服装除了长衫外，短款"可巴雅"作为另一种服装样式，受到年轻娘惹的喜爱。这种服装在形制上同样是"上衣下裳"，短款"可巴雅"通常搭配下装"纱笼"和珠绣拖鞋，如图5-1-9所示。

短款"可巴雅"注重装饰，手法不仅采用中国传统的刺绣和镂空工艺，还将西方的蕾丝花边用来装饰，如图5-1-10所示是新加坡集邮博物馆展出的蕾丝邮票，这是为纪念娘惹服装而专门设计制作的。刺绣装饰图案既有中国传统纹样，也有具有东南亚风情的植物和花鸟图案，欧洲文化元素的图案也出现在娘惹"可巴雅"中。如图5-1-11所示是在新加坡集邮博物馆展出的邮票，画面内容为东南亚热带水果刺绣装饰的"可巴雅"。娘惹"可巴雅"的图案布局以人体中心线为轴线左右对称分布，呈现端庄典雅的风貌。

### 四、娘惹"可巴雅"的西式立体结构样式特征

　　娘惹短款"可巴雅"强调胸、腰、臀差，凸显女性的身材美，完全打破长款"可巴雅"的中式平面结构和宽大保守的风格特

图5-1-9　笔者与娘惹"可巴雅"和"纱笼"

图 5-1-10　蕾丝邮票

图 5-1-11　东南亚热带水果刺绣装饰的"可巴雅"

征。借鉴西方的立体结构样式，服装前衣片的公主省和后衣片的腰省，使得整体造型变得立体修身，展现女性身体的曲线美；服装的衣长继续变短，样式基本确定：短小样式、紧身窄袖、翻领对襟、收腰、衣片前长后短、"W"形尖衣角。具体样式如下：翻领对襟，领口线下移，领底线条呈"鸡心形"，将娘惹修长的颈部露出；前门襟用三枚胸针扣合；收腰，省道的收腰结构凸显女性的胸、腰、臀差；前衣摆呈"W"形，尖角的造型逐渐收敛、变小，尖角的最末端在大腿根部附近，尖角造型使得衣片前长后短，后衣片长至臀围线附近，这样的样式结构，使人视觉上增加纵向延伸观感，使得视觉上娘惹身材更加修长；袖子变得合体，袖窿变瘦、袖山高上移。

裁剪方式上采用量体裁衣，根据娘惹的身体数据斜裁裁剪，以达到更好的修身合体效果。

## 五、鲜亮色彩和半透明质地的娘惹"可巴雅"

欧洲殖民者将工业革命所产生的新材料、新工艺、新技术带到这一地区，娘惹"可巴雅"的色彩和材料日趋丰富多彩。半透明的材料尤其受欢迎。半透明的材料产生一种朦胧美，一方面受西方文化的影响将娘惹身体曲线展现出来，另一方面又带有东方含蓄

美。如图5-1-12至图5-1-14，这些都是当时娘惹用于制作服装的
"rubia"布料，由于材料易于印染的特性，加之受欧洲洛可可艺术
和中国艺术的影响，娘惹"可巴雅"的色彩变得鲜亮、明快，这时
期娘惹"可巴雅"的色彩，既有中国传统的大红、粉红色，也有
马来人喜爱的土耳其绿，[①]以及其他高明度、高纯度的色彩。娘惹
"可巴雅"由单色系变为多色系，且非常注重色彩的搭配，图案配
色与服装本身的底色相互呼应，又有多种色彩在色相、明度和纯度
上与底色形成对比，使整体服装的色彩既统一和谐，又因对比而不
失活泼和丰富感，如图5-1-15所示。

① 曹植勤：《马来西亚的"娘惹文化"》，载《南宁日报》，2007年9月4日，第7版。

图5-1-12 槟城博物馆的"rubia"布料

图5-1-13 槟城博物馆淡绿色"rubia"布料

图5-1-14 槟城博物馆淡紫色"rubia"布料

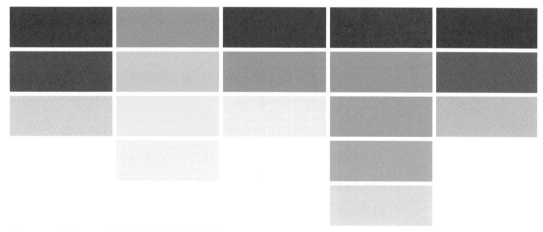

图5-1-15 从"Rubie"布料中提取的部分色彩

## 六、娘惹"可巴雅"的装饰特征

由于此时的欧洲正在经历经济大萧条，蕾丝产量急剧下降，外观效果接近蕾丝的中国传统镂空工艺被首先运用到娘惹"可巴雅"的装饰中，后来，娘惹又将中国的刺绣（缝纫机手推绣）工艺用于装饰服装，镂空和刺绣逐渐成为娘惹"可巴雅"主要装饰工艺。装饰位置仍然主要在衣领、门襟、袖口、衣摆等服装边缘处，着重装饰在"W"形尖衣角。

### （一）中国吉祥图案装饰

中国先人们祈福于自然天地万物，讲究"天人合一"，形成了灿烂的吉祥文化。它成为中国人的标签符号，成为共同血脉的延续。吉祥图案装饰艺术是中国文化特有的文化现象，是植根于中国本土的民俗观念，"峇峇、娘惹"华人族群也将其传承到了东南亚。娘惹"可巴雅"服装上刺绣图案大量传承中国的传统吉祥图案艺术。所继承的中国传统吉祥纹样题材类型广泛，如龙、凤、牡丹，体现中华文化亘古不变的灵魂。[①] 如图5-1-16中的a为新加坡"峇峇、娘惹"博物馆中一件娘惹"可巴雅"藏品上的"双龙戏珠"图案，纹样造型来自中国民间龙的造型，整体视觉效果短粗、简洁、笨拙、可爱，且色彩斑斓。娘惹"可巴雅"上的植物花草图案一般有牡丹、兰花、莲花（荷花）、梅花、菊花、茶花等纹样，动物图案一般有狮子、麒麟、蝴蝶、羊、兔子等纹样，除此以外还有瓜果和汉文字等纹样。造型样式主要借鉴中国传统吉祥图案，"花大叶小"的花草纹样造型，创作手法上借鉴中国工笔绘画的技法，注重以线条勾勒表现花草的生长气韵，延续宋、明"生色花"的写实风格。后期将西方的光影效果应用到图案的塑造上。除了继承纹样造型，也继承了明清时期中国图案"有图必有意，有意必吉祥"的特点，如图5-1-16中的b"富贵牡丹"、c"鱼戏莲花"和d"蝶恋花"等。其中"富贵牡丹"是娘惹"可巴雅"中最为常见的图案纹样，牡丹造型丰满，层层叠叠的花瓣饱满圆润，色彩华美，象征着富贵荣华；"蝶恋花"是兰花和蝴蝶组合图案，寓意"美好的爱情"，而

① 华梅：《多元东南亚》，北京：中国时代经济出版社，2007年，第31页。

图5-1-16　娘惹"可巴雅"的刺绣镂空图案

兰花象征着女子高洁的品质，舒展的兰花造型展现出勃勃的生命力，在兰花的塑造上也体现光影效果，使其更加立体。e是中国汉字"寿"字纹样，寓意福寿延绵，这是更具中国视觉特征的纹样。

　　除此之外，娘惹"可巴雅"的图案还来自中国的官服，例如明清时期补子的"孔雀开屏"以及"海水江崖"纹等图案。刺绣吉祥图案使娘惹"可巴雅"在视觉上具有强烈的可识别性，吉祥文化更是赋予它精神上的内涵，正是这一因素成就了娘惹"可巴雅"的独特性。

　　（二）娘惹"可巴雅"图案的多元融合

　　娘惹"可巴雅"的刺绣图案中国特征鲜明，且融合多元文化于一身。刺绣装饰不仅大量地继承了中国传统吉祥纹样，也有具有东南亚风情的植物、花草、海洋元素图案以及马来文化图案，还有伊斯兰文化、西方文化等图案纹样。娘惹"可巴雅"的图案装饰以中国文化特征的纹样为母体，不断吸收融合其他文化元素纹样。如图5-1-17所示为娘惹"可巴雅"上的"大丽花"图案（"大丽花"是东南亚植物"bungaraya"，学名"木槿花"），该图案造型写实，"花大"——突出表现花朵的造型，削弱叶子的比例，整体造型着重表现"大丽花"向上生长的生命力。如图5-1-17中的a、b"大丽花"单独作为纹样装饰服装，比较符合伊斯兰文化中喜爱植物纹样装饰的审美要求，而c受中国文化和图案纹样的影响将"大丽花"与孔雀相结合，形成组合纹样装饰服装。

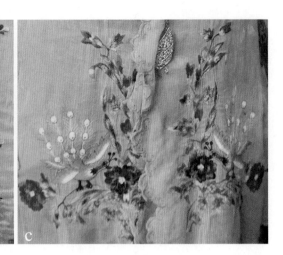

图 5-1-17　娘惹"可巴雅"上的"大丽花"图案

　　中国风格的装饰特征，使娘惹"可巴雅"在东南亚众多"可巴雅"样式中独树一帜，与东南亚地区其他族群的服饰完全区分开。中国风格鲜明、多元文化融合的娘惹"可巴雅"至此形成。

## 第二节　裹裙"纱笼"

　　"纱笼"是东南亚传统下装样式，又称"笼纱"。在东南亚各国（越南、缅甸、印度尼西亚、泰国、马来西亚、新加坡等）这种样式的下装非常常见，男女皆穿；在中国的南方，云南的傣族、海南的黎族等少数民族女性中也是传统下装样式。这种服装样式是处于热带雨林环境下生活的人们主动选择的结果，它制作简单，穿着方便，既可以成为日常服装，还可以用作女子在河边洗澡时的遮盖布，甚至还可以作为孩子的"摇篮"或者包头巾。如图 5-2-1 所示为在印度尼西亚雅加达微缩景观博物馆中所展出的一位女子洗澡时用"纱笼"遮盖；图 5-2-2 是笔者在印度尼西亚日惹街头随机拍摄的一位老妇，她正怀抱着用"纱笼"包裹的幼儿，这种颜色和图案的"纱笼"是专门为新生幼儿准备的。

中国人称东南亚的这种筒裙为"纱笼"，据说是源自华侨对缅语"笼芝"或"笼基"的直译。在中国唐代樊绰《蛮书》中用"五色婆罗笼"来描写傣族女子的筒裙。在东南亚这种样式的裙装还有各种称谓，缅甸统称为"笼芝"，缅甸男子的"笼芝"称"步梭"，缅甸女子的"笼芝"称"塔米"或"塔明"；泰国称之为"绊尾幔"或"帕农"；菲律宾则称之为"马龙"。

### 一、娘惹"纱笼"样式、结构的形制特征

"纱笼"是一种一片式的裹裙，结构简单，注重装饰。"纱笼"作为娘惹下装，裙长至脚面，穿着时外观呈筒状，装饰纹样布满整条"纱笼"，装饰工艺以当地蜡染为主，结合当地的其他工艺。娘惹所穿的"纱笼"与东南亚各族的"纱笼"在样式结构上是相同的，结构为平面的长方形，通常使用长2米左右、宽1米左右的长方形布料，其长度越长表示经济越富有或身份越尊贵。明代钱古训的《百夷传》中曾记录："缅人腰以下一布通前后便缠之，贵者布长二丈余，贱者不逾一丈。"[①]

① （明）钱古训：《百夷传校注》，江应樑点校，昆明：云南人民出版社，1980年。

图5-2-1 女子洗澡时用"纱笼"遮羞　图5-2-2 老妇用"纱笼"包裹幼儿

图5-2-3　娘惹"可巴雅"和
"纱笼"

图5-2-4　娘惹银质腰链

图5-2-5　"峇峇、娘惹"腰链

　　传统"纱笼"结构简单，由身（"Badan"）和头（"Kepala"）
两部分组成，其中头占整件"纱笼"布料的三分之一，其余的为
身。穿着时"头"一定要在前方，多余的"纱笼"布折回头，"纱
笼"的底部要拉水平，不能让背面露出来，要拉紧，拉紧程度是
根据娘惹的双脚曲线来确定，这样穿起来就会显得婀娜多姿。如
图5-2-3所示为马来西亚国家纺织博物馆中收藏的娘惹"可巴雅"
和"纱笼"。娘惹在穿着"纱笼"时，通常腰间可搭配腰带装饰固
定，早期腰带多为银质，配小银包，后期腰带多为黄金材质。如图
5-2-4所示，新加坡集邮博物馆中展示的娘惹服装中，"纱笼"佩
戴有银质腰链。腰链的样式和形制融合多元文化，图5-2-5为马来
西亚马六甲"峇峇、娘惹"博物馆中收藏的男女各式金属腰链，从
图中我们既可以看到伊斯兰文化元素，又可以看到中国文化特征元
素，包括福、禄、寿、喜等汉字以及凤凰、牡丹等图案纹样。

　　娘惹所穿着"纱笼"主要来自以蜡染闻名的印度尼西亚，尤其
是印度尼西亚中爪哇北加浪岸（Pekalongan）的蜡染"纱笼"，至
今都受马来西亚、新加坡、印度尼西亚上层社会的喜爱。

## 二、娘惹"纱笼"的色彩、装饰特征

　　"纱笼"的款式结构简单，装饰图案成了评判"纱笼"优劣的
主要标准。娘惹"纱笼"在简单的长方形结构上装饰大量的图案纹
样，图案纹样吸收当地的印尼、马来文化，外来的伊斯兰文化、西
方文化等，也同样将承袭自父系的中国传统图案带到这一地区。中

国传统纹样作为核心元素与当地多元文化相融合，并于20世纪初形成独有的中国装饰风格——"Batik纱笼"，中国式"Batik纱笼"影响至今。

早期"峇峇、娘惹""纱笼"的图案染色技术主要受印尼的爪哇岛、巨港等地影响，以单色植物蜡染为主。如图5-2-6所示，色彩以当地人喜爱的褐色和棕色系为主，图案细密，中国色系也深深影响着"峇峇、娘惹""纱笼"的色彩，其中以中国红色和蓝色最为常见，如图5-2-7所示为印度尼西亚梭罗Batik蜡染博物馆中的一件红色的娘惹"纱笼"。后来"纱笼"流传到北加浪岸（印尼爪哇岛的北岸），这里的人喜欢明亮、鲜艳和丰富的色彩，于是"纱笼"开启了多色的新纪元。到殖民地时期（19世纪中期），荷兰人Eliza van zuylen女士在"纱笼"上采用柔和色系作画，人们发现柔和色系的"纱笼"和"可巴雅"更加搭配，至此"纱笼"流行起柔和色系图案，绘制"纱笼"图案者也学习效仿画家题字在"纱笼"上签名。20世纪初，"纱笼"的图案和用色变得更加绚丽多姿，中国风格蜡染成为当时主要的流行风格。

娘惹"纱笼"的图案和色彩都极具特色，色彩常以蓝色、红色、黄色为底色，绘以大量的各式各样的图案纹样，既有土著文化代表性的爪哇岛齿状纹样，也有中国传统的牡丹、凤凰等图案纹样，还有表现欧洲故事和生活的图案，甚至在一条"纱笼"裙中会综合使用多种风格题材纹样，其中以花草图案最受欢迎，如图5-2-8所示。早期娘惹装的搭配原则是依据上衣"可巴雅"绣花的颜色来选择"纱笼"，所以"可巴雅"的绣花图案设计常以"纱笼"的图案作参照。后来娘惹们更加重视"可巴雅"而轻视"纱笼"，两者之间的联系也逐渐淡化。

按照"峇峇、娘惹"所确立的色彩体系，娘惹"纱笼"的色彩有礼服色彩和常服色彩的区别。婚礼服中的"纱笼"一般会选用红色系，丧礼服中的"纱笼"一般会选择蓝色系。图5-2-9为新加坡"峇峇、娘惹"博物馆收藏的娘惹结婚时所穿的红色"纱笼"，这件

"纱笼"采用织金锦工艺（"songket"），金线和丝绸的光泽感相互交替，无不彰显着华丽的美感。图5-2-10同样是该博物馆收藏的丧礼上娘惹所穿的蓝色"纱笼"，这件"纱笼"既有齿状图案，又有植物花草图案。

### 三、娘惹"纱笼"的材料特征

东南亚既是纺织品的消费者，也是生产者。印度和中国的织物品质优良、色彩艳丽、图案精美，深受东南亚富有阶层的青睐，而大多数平民百姓则穿戴使用本地区生产的纺织品。早期"纱笼"的制作材料主要是本地区大众材料——棉布，棉花是当地仅次于食物的农产品，布料也是东南亚的主要制造品，在苏拉威西和布通（又称布顿，Buton、Butung、Beton，是苏拉威西岛东南部一个半岛以外的海岛）一带，本地的棉布是作为货币流通的；而在爪哇、望加锡和吕宋地区，欧洲殖民者最先要求各地贡品以当地生产的布匹形式支付。[①]

中国丝绸和印度棉织物作为当地的进口奢侈品，一直是贵族和富有阶层彰显自己财富和社会地位的物质资料，"峇峇、娘惹"族群在积累一定的财富之后，随着社会地位的提高，他们制作"纱

① [澳]安东尼·瑞德:《东南亚的贸易时代：1450—1680 第一卷 季风吹拂下的土地》，北京：商务印书馆，2013年，第131页。

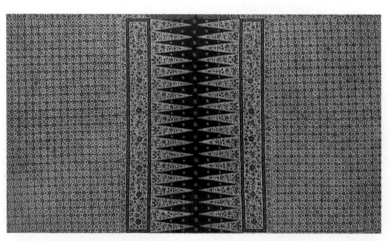

图5-2-6　棕褐色娘惹"纱笼"

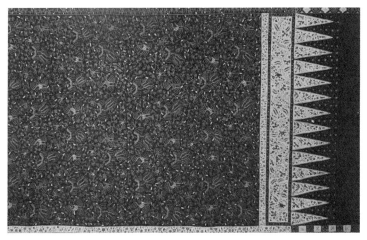

图5-2-7　红色娘惹"纱笼"

图5-2-8　娘惹"纱笼"图案

图5-2-9　娘惹婚礼
服织金锦"纱笼"

图5-2-10　娘惹丧礼服"纱笼"及细节图

笼"的材料多使用昂贵的进口布料。

18世纪中叶以后欧洲经历了第一次工业革命，以机械生产纺织品，生产效率大幅提高，产能出现过剩，刺激了英国乃至欧洲对外寻求殖民地并与之贸易。近现代大量的工业化生产的布料成为制作娘惹"纱笼"的材料。

### 四、"纱笼"与中国

#### （一）东南亚"纱笼"的起源与中国

东南亚地区的"纱笼"是从扶南的"干缦"演变而来，而扶南的"干缦"则与中国文化有关。早在三国时期，中国便与东南亚地区有着较为密切的来往。孙吴时，大将军吕岱（161—256）曾派遣康泰及朱应两位官员"南宣国化"，与东南亚各国建立友好关系，二人于243年回国（历经数十国），并且各立传记，朱应著《扶南异物志》，康泰著《扶南传》。这两本古籍并没有完整地流传至今，只能从其他文献中找到残存的记录，其中康泰对于东南亚的扶南（越南南部、柬埔寨及泰国大部分地区）、诸薄（爪哇地区）等国百姓的服饰衣着做了珍贵的记载。据康泰的记载，他发现扶南国百姓是不着衣物赤裸身体，因而向扶南王建议："国中实佳，但人亵露可怪耳。""寻始令国内男子着横幅，今干缦也。大家乃截锦为之，贫者乃用布。"[1] 从这段文字记载可以看出越南"纱笼"的起源与中国密切相关。同时还反映出了当时"纱笼"的材料，大部分人使用的是"锦"，贫穷的人使用的是"布"。

对于爪哇地区的记载，诸薄则"国有稻田，女子作白叠华布"[2]。"华"通"花"，"华布"即"花布"。

#### （二）中国历史文献中"纱笼"的相关记载

在中国古代，"纱笼"又称"干缦"，上文《扶南传》中有记载。六朝《梁书》曾记载，狼牙修（马来半岛北部）"其俗男女皆袒而披发，以吉贝为干缦"[3]，从记载中可以看到"干缦"（"纱笼"）也是马来半岛的服饰。吉贝是当时对木棉织物的称谓。

① （唐）李延寿：《南史》卷七十八列传六十八，北京：中华书局，1975年。

② （宋）李昉等：《太平御览》四夷部·卷九·南蛮四，北京：中华书局，2000年。

③ （唐）姚思廉：《梁书》卷五十四，北京：中华书局，1973年，第795、796页。

唐代，前往印度取经的高僧义净（635—713）在《南海寄归内法传校注（繁体）》里，将"干缦"译为"敢缦"，"南海中有十余国，及狮子州，并着二敢缦矣。既无腰带，亦不裁缝，真是阔布二寻（寻：伸开两臂的长度，合古代八尺），绕腰下抹。"[④]意思为：包括"狮子国"（今斯里兰卡）在内的"南海"诸国（东南亚各国），百姓穿着皆以"干缦"为服饰。

④ 义净：《南海寄归内法传校注（繁体）》卷二，王邦维点校，北京：中华书局，1995年。

## 第三节 "峇峇、娘惹"拖鞋

"峇峇、娘惹"鞋子样式早期是直接从父母那里继承的样式，后期一直在不断发展、融合和演变过程中，拖鞋成为"峇峇、娘惹"最具代表性的鞋子样式。拖鞋样式的细节不断变化，制作、装饰工艺和材料也非常多元，既有中国的丝绸、丝线，又有欧洲的天鹅绒、金属线（金线、银线）、亮片、玻璃珠以及其他地区的金箔、皮革等。早期"峇峇、娘惹"的拖鞋多由娘惹制作，女红、刺绣是考核娘惹优秀与否的重要评价项目，娘惹所制作的拖鞋既在她们婚礼时穿，又可在日后她们生活或出席其他活动时穿。

峇峇拖鞋的制作工艺和材料与同时期的娘惹拖鞋基本相同，但在样式、大小上会有很大区别。峇峇拖鞋有凸出的鞋舌部分，象征着中国男子为"阳"，鞋面的平面造型呈元宝的造型，如图5-3-1所示，这也暗合峇峇在外"发财"的美好愿望。娘惹的拖鞋没有鞋舌，鞋口位置向内凹，整个造型像新月，如图5-3-2所示，月亮象征着中国女性为"阴"。"峇峇、娘惹"拖鞋在样式上强调"阴阳"，符合中国人追求夫妻阴阳和谐的寓意。"峇峇、娘惹"拖鞋的色彩与服装的色彩相呼应，尤其是华人注重的婚丧嫁娶，如图5-3-3所示，这是收藏于槟城土生华人博物馆的一双娘惹鞋鞋面，一束银叶系在蓝色的背景上以表示哀悼，这种配色正是适合搭配丧期第二年蓝白相间的娘惹装风格。

"峇峇、娘惹"拖鞋主要装饰工艺一直都在不断变化，早期主

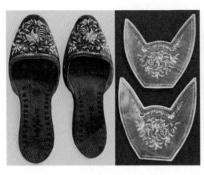

图 5-3-1 "元宝"形峇峇拖鞋及鞋面

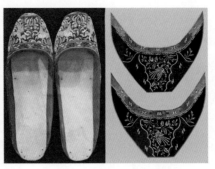

图 5-3-2 "新月"形娘惹拖鞋及鞋面

图 5-3-3 "一束银叶"娘惹鞋鞋面

要为中国刺绣,包括常见于中国南方地区的"金苍绣"、打籽绣、平绣等,其中以天鹅绒面料的拆线绣最为精致,整体风格奢华精美。后期融合各种装饰工艺和手法,例如钉缝由金银制成的各种图形箔片、金属扭线绣、珠绣等。后期娘惹鞋因其独有的珠绣装饰而出名,又名娘惹珠绣鞋。

## 一、承袭父系、母系鞋子样式

峇峇和娘惹最早期的鞋子样式都是直接承袭中国鞋子样式和当地文化样式,来自中国的单鼻鞋(包跟浅口样式)和"terompah"最为常见。"terompah"是一种类似于木屐的拖鞋。单鼻鞋样式完全承袭中国明清时期的闽南地区的鞋子样式,鞋头上翘,有后跟,鞋面正中间有一根突起的鼻梁,鞋面的一半与鞋侧面为一体式结构,注重装饰。鞋面及周身都装饰华美的刺绣,以打籽绣和金银线绣为主,装饰图案同样承袭中国传统纹样,如牡丹、莲花等。如图 5-3-4、图 5-3-5 所示,这两双分别由槟城土生华人博物馆和新加坡私人收藏的单鼻鞋,鞋的鞋口和"鼻"周围装饰中国传统回纹,金线绣侧头缠枝花布满鞋两侧,花朵的刺绣工艺是泉州"金苍绣"(金线绣)的荔枝跳,呈现浮雕式凹凸的肌理感。单鼻鞋虽然没有成为娘惹鞋的代表,但是它作为娘惹鞋的一种样式一直存在,后期娘惹所穿单鼻鞋在样式和装饰上都发生了变化。如

图5-3-6所示鞋子的样式结构基本保留中国单鼻鞋样式，装饰位置和图案纹样也承袭中国，只是在装饰材质上使用的是来自欧洲的玻璃珠。如图5-3-7所示鞋子在样式上保留了"单鼻"的结构，但装饰方式、材料都发生了改变。如图5-3-8、图5-3-9所示是新加坡土生华人博物馆展出的"峇峇、娘惹"婚礼中所穿着的单鼻鞋的样式，其中新娘所穿的正是演变后的单鼻鞋，新郎所穿的则是演变后的单鼻官靴。

图5-3-4 "金苍绣"的荔枝跳单鼻鞋（正面）　　图5-3-5 "金苍绣"的荔枝跳单鼻鞋（侧面）

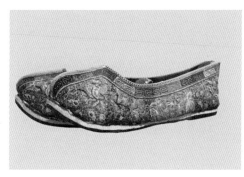

图5-3-6 珠绣单鼻鞋

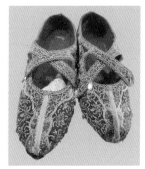

图5-3-7 带襻单鼻鞋

图5-3-8 新娘单鼻鞋

图5-3-9 新郎单鼻官靴

## 二、独立鞋头式拖鞋

独立鞋头式拖鞋样式是19世纪末20世纪初期在娘惹中流行的拖鞋样式，这种样式有单独的鞋头部件，呈圆形，当地称为"kasot"或者"bumboat"，如图5-3-10所示。这种样式是最早的娘惹拖鞋样式，无论是鞋面模式化的造型分割，还是鞋面最中心"开光"式的装饰都极具阿拉伯风情，但是仔细看其装饰图案却是典型的中国图案。如图5-3-11所示，这两双娘惹鞋鞋面收藏于槟城土生华人博物馆，在鞋面最聚焦的"开光"装饰内部填充的都是华人女性最喜爱的凤凰图案。除此之外，寓意"花开富贵"的牡丹、"多子多福"的蝴蝶、"喜上眉梢"的喜鹊等中国传统吉祥图案是娘惹拖鞋的常用纹样，如图5-3-12所示。而海洋文化的代表图案——虾、蟹、鱼等也出现在拖鞋的装饰图案中，如图5-3-13所示，鞋面最中心的图案是一只艺术化的螃蟹。在"峇峇、娘惹"眼中螃蟹代表着海洋的吉祥宝藏，同时也象征着生育能力。

图5-3-10　独立鞋头式拖鞋

图5-3-11　鞋面"开光"装饰

图5-3-12　"牡丹""喜鹊""蝴蝶"等中国传统纹样在拖鞋中的应用

图5-3-13　螃蟹纹样珠绣鞋　　　图5-3-14　拆线绣男鞋

　　不仅仅娘惹鞋有精美的装饰，峇峇鞋也同样装饰着精美的图案，如图5-3-14所示。这时期的装饰工艺以丝线刺绣为主，尤其是拆线绣更显精致，图5-3-13、图5-3-14都展现了精美的拆线绣工艺。除此以外，金线绣、珠绣、镶嵌等工艺也相继使用在拖鞋的装饰制作上。

### 三、穆勒鞋

　　由于受欧洲和阿拉伯文化的冲击，巴洛克风格方头穆勒鞋开始在"峇峇、娘惹"族群流行。穆勒鞋（"mules"）是来自苏美尔的"mulu"，意为室内鞋，或者是拉丁语的"mulleus"，指的是古罗马时期三位最高法官才有权穿着的紫红色高底礼仪鞋。穆勒鞋的本意是指包裹着脚背不露脚趾只露脚跟的拖鞋。这一时期的鞋面工艺也受外来的影响较大，图案纹样以中国传统吉祥图案融合多元文化为主，如图5-3-15所示，这五双鞋为19世纪中叶至20世纪初槟城娘惹所穿着的穆勒鞋，主要是采用金、银线装饰，鞋面呈现闪耀的奢华感，刺绣图案有龙、麒麟等中国吉祥图案。此外，这一时期的鞋子在鞋口处饰有蓝色的滚边，对于"峇峇、娘惹"族群来说蓝色代表思乡的情怀，同时也代表着青春和春天。

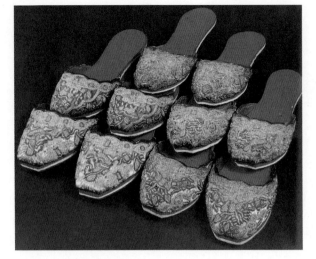

图 5-3-15　娘惹穆勒鞋

## 四、杏仁形拖鞋

穆勒鞋的鞋头线条方直，这一特征后期逐渐淡化，造型逐渐变得圆润，鞋头和鞋面的整体造型呈杏仁形。制作的材料更加丰富多元，有丝绸、天鹅绒、皮革等。既有丝线刺绣、金银线刺绣、珠子刺绣等装饰工艺，也有金属亮片、金属贴花和吊坠等装饰工艺。这些材料和工艺无不彰显着"峇峇、娘惹"拖鞋的奢华、优雅、精致。鞋面装饰图案仍以中国吉祥纹样为主，如图5-3-16为"麒麟献瑞"图案，图5-3-17为"大吉大利"图案，图5-3-18为喜鹊，

图 5-3-16　鞋面"麒麟献瑞"图案　　　　图 5-3-17　鞋面"大吉大利"图案

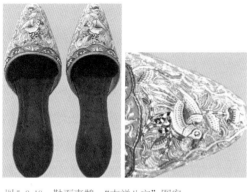

图5-3-18　鞋面喜鹊、"吉祥八宝"图案　　　　图5-3-19　鞋面凤凰图案

鞋口一圈装饰有"吉祥八宝"图案。值得注意的是，后期纹样更加
融合多元文化，在造型样式上与中国本土的吉祥纹样有了视觉上的
差别，如图5-3-19的凤凰图案，这种造型的凤凰更加抽象，且吸
取融合了已经在地化的印度神鸟的形象。

### 五、珠绣鞋

　　土生华人在殖民统治时期接触到来自欧洲的细小玻璃珠，因用
珠子装饰的鞋子外观更加闪亮、华丽，颜色更加持久，且制作更加
容易，所以珠绣成为装饰娘惹鞋子的主要材料。这些用于制作珠绣
鞋的珠子如小米粒，形状为半球面，即一半平面，一半圆面。图
5-3-20是马六甲"峇峇、娘惹"博物馆所收藏的用于珠绣的各色
玻璃珠。娘惹用珠子组合成图案，早期是在丝绒或其他面料上装饰
成珠绣的图案，后期则装饰整个鞋面。"峇峇、娘惹"鞋面的造型
上同样强调"阴阳"，如图5-3-21所示为男子元宝形鞋面珠绣鞋，
鞋舌突出为"阳"，图5-3-22所示为女子新月形鞋面珠绣鞋，鞋舌
凹陷为"阴"。杏仁形拖鞋样式受西方文化和工业化的影响，样式
由平跟变为高跟，如图5-3-23所示。后来出现露脚趾的凉鞋样式，
如图5-3-24所示。

　　珠绣鞋的图案也受欧洲风格的影响，带有浓浓的洛可可艺术风
格，清新且极具装饰性，透着高贵与闲适的气质。珠绣鞋常见图

第五章　娘惹典型服装的形制样式特征

案题材多为花鸟类、动物类、人物类，以中国传统图案纹样较为常见，例如牡丹、花瓶、花篮、莲花、喜鹊登梅等，如图5-3-25、图5-3-26所示。后来题材广泛，但仍然以花鸟题材为主，同时也出现了白雪公主、小矮人等卡通形象，如图5-3-27、图5-3-28所示。除此以外，还有立体几何形状图案、小鱼图案、螃蟹图案等。这些纹样注重光影效果的表现，在平面刺绣过程中实现视觉上的立体效果。对于立体感的追求还表现在珠绣工艺的堆砌上，以此达到浮雕立体的效果。（图5-3-29）

图5-3-20　珠绣鞋的主要制作材料

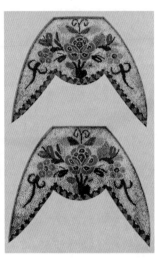

图5-3-21　男子元宝形鞋面珠绣鞋

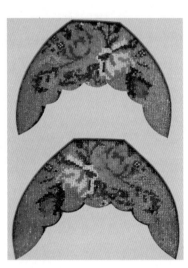

图5-3-22　女子新月形鞋面珠绣鞋

图5-3-23　杏仁形高跟珠绣鞋

图5-3-24　凉鞋样式珠绣鞋

图5-3-25　牡丹纹样的珠绣鞋

图5-3-26　喜鹊登梅纹样的珠绣鞋

图5-3-27　花鸟题材的珠绣鞋

图5-3-28　卡通形象的珠绣鞋

图5-3-29　娘惹制作拖鞋的工具和材料

## 第四节　"峇峇、娘惹"服饰的装饰工艺

　　"峇峇、娘惹"服饰注重装饰，华美的装饰是服装的重要组成部分，源自中国的装饰更是扮演着重要角色，成就其特色，使其与同一地区的其他服装样式区分开来。"峇峇、娘惹"的装饰工艺吸收众家之长，呈现出丰富多彩的视觉效果，其中以刺绣、蜡染工艺最具特色。刺绣主要继承自中国，既承袭了刺绣材料、技法，也承袭了刺绣图案纹样。中国刺绣历史悠久，是中国的民族传统工艺之一，因其种类繁多、技法精湛备受世界瞩目。广东粤绣中的潮绣（金银线绣和抽纱绣）和福建闽南地区的"金苍绣"对"峇峇、娘惹"服饰影响最为明显。结合实际调研情况，本节主要以闽南地区

"金苍绣"为参照，与"峇峇、娘惹"金线绣进行对比研究。"峇峇、娘惹"服饰中的珠绣工艺更是在中国东南沿海地区产生了广泛的影响，其中厦门珠绣因此而声名鹊起。

"峇峇、娘惹"服饰的蜡染则采用当地的"Batik"蜡染技艺，将中国文化图案与当地文化相结合，逐渐形成中国风格的"Batik"蜡染，对当地的蜡染文化产生了深远的影响。

### 一、"峇峇、娘惹"金线绣与中国闽南"金苍绣"
### （一）绣线及材料一致

"峇峇、娘惹"服饰中常使用金线刺绣作为装饰工艺，这种装饰工艺来自中国东南沿海地区，福建闽南当地人称为"金苍绣"，也称"盘金绣"或"金葱绣"。在中国，这是一种古老的金绣技艺，闽南地区的"金苍绣"可以追溯到唐代的"蹙金绣"，它是一种在罗缎的底子上，用金丝线绣出各种美妙图案的工艺。"金苍绣"得名的原因是，因刺绣时所使用的绣线包金箔其状如葱，民间叫"金葱绣"，雅化为"金苍绣"。闽南地区服饰和"峇峇、娘惹"服饰中所使用的绣线材料一致。如图5-4-1所示为笔者考察闽南地区泉州"金苍绣"时所拍摄的当地绣娘使用的金色绣线，图5-4-2所示为马六甲"峇峇、娘惹"博物馆中所收藏的金色绣

图5-4-1　闽南地区"金苍绣"的金色绣线　　图5-4-2　马六甲"峇峇、娘惹"博物馆中所收藏的金色绣线

线。对比可以发现，除了因时间久远图5-4-2中的金线光泽暗淡外，两者并无其他差别。

（二）品类和使用场景基本相同

在中国，近代"金苍绣"工艺大多是应用于闽南地区的宗教或祭祀用的制品上，这些制品主要有庙宇绣品、道场绣品和阵头绣品，如佛服、绣佛、凉伞、幢幡、门彩、龙蟒桌裙、阵头绣旗等。此外，在泉州土生土长的梨园戏服饰、布袋木偶戏服饰，以及喜庆绣幛等也有用"金苍绣"的。在装饰题材上，近代"金苍绣"绣品多采用我国传统文化图案纹样，所谓"有图必有意，有意必吉祥"，技艺精湛又极具创造力和想象力的"金苍绣"创作者们将古代图腾、宗教图案和自然物象进行抽象化、理想化，形成人们一眼便知的文化符号应用在绣品上，来表达忠孝、吉祥、祈福的美好含义。笔者实地调研中曾在与当地技艺传承人交流时了解到，这种金绣工艺也曾用于服装上。

"峇峇、娘惹"金线绣的品类和使用场景也基本相同。笔者在实地调研中发现，金线绣在重要场合的服装中尤为常见，金线绣华丽的视觉观感，满足了"峇峇、娘惹"彰显自己经济和社会地位的需求。

（三）技法相同

无论是"峇峇、娘惹"的金线绣，还是闽南地区的"金苍绣"，因金线比较粗，所以工艺技法上不是将金线直接绣上去的，而是用另一条红丝线固定。闽南地区"金苍绣"常用针法为平绣，独特针法有荔枝跳、菠萝凸、三叠线、龙鳞迭甲等。这些技法也同样出现在东南亚"峇峇、娘惹"服饰的刺绣中。

1. 盘金平绣

盘金平绣是"金苍绣"最常见的技法，盘金线时一般两根金线并排，隔半厘米用另一根丝线固定一下，用针要均匀，转折处一定要绣到位，同时保证外弧线的流畅，确保轮廓的完整与美观。将金银线盘成一些漂亮的轮廓形状，如龙、凤、海水江崖、花瓣和动物等图案外轮廓，图案内部则用不同颜色的棉线绣制，这种技法称为

图5-4-3　泉州"金苍绣"传承人陈美英所绣的歌
仔戏服中的"盘金勾边"凤凰

图5-4-4　马六甲"峇峇、娘
惹"博物馆中所收藏服装上的
"盘金勾边"凤凰

图5-4-5　泉州神帐中用的"满金盘"装饰的龙头

图5-4-6　娘惹婚服中用
"满金盘"装饰的衣边

"盘金勾边",如图5-4-3、图5-4-4所示。图5-4-3是泉州"金苍绣"传承人陈美英所绣的歌仔戏服中的凤凰,采用"盘金勾边"的技法,中间填充丝线平绣;而图5-4-4是马六甲"峇峇、娘惹"博物馆中所收藏服装上的"盘金勾边"凤凰,勾边内部填充打籽绣,两个凤凰形象也有共通性。有些图案全部由金葱盘成,利用金葱的铺排造成富贵华丽的艺术效果,这种技法称为"满金盘",如图5-4-5、图5-4-6所示。

2. 凸绣

凸绣是"金苍绣"在刺绣图案的重点位置营造出浮雕效果的一

图 5-4-7　凸绣所需要的填充材料

图 5-4-8　泉州"金苍绣"的凸绣兽首

图 5-4-9　马来西亚槟城
"峇峇、娘惹"博物馆中
一件新娘嫁衣上的凸绣
龙首

种技法，如兽首、龙身、铠甲、题字等部分，传统凸绣会先在这些部位上缝上棉花团（用多大的棉花团根据绣工的经验来确定），再在上面以金葱线精心盘出物象（金葱线要完全遮盖棉花团），物象的凹凸造型塑造对绣工技艺的要求很高。图5-4-7所示为现在泉州"金苍绣"手艺人制作凸绣时所使用的材料，从左至右为纸线、棉线和棉花。图5-4-8为绣好的泉州"金苍绣"的凸绣龙首。图5-4-9是马来西亚槟城"峇峇、娘惹"博物馆中的一件新娘嫁衣，这件嫁衣上的龙首同样采用了凸绣。

### 3. 荔枝跳

荔枝跳指的是利用金线的交错排列，形成似荔枝表皮纹理的刺绣效果的一种技法，故名"荔枝跳"。具体绣法为将多根棉线合成整齐的一束，根据实际需要剪成多截，将棉线束排列于要绣制的图案内部，每束间隔约半厘米用线将之固定，上面盘金葱，3 至 5 根金葱为一排，跨越两束棉线钉上丝线固定，横向间隔两排之间错开，形成高低错落如跳跃般的形态。这种针法活泼生动。图5-4-10所示

图 5-4-10　荔枝跳技法绣出的龙和麒麟

第五章　娘惹典型服装的形制样式特征

139

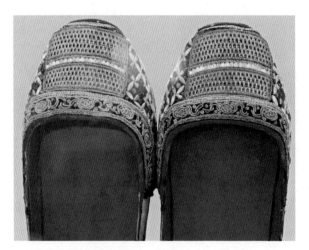

图 5-4-11　娘惹鞋鞋面中心用"荔枝跳"技法进行装饰

为荔枝跳技法绣出的龙和麒麟。图 5-4-11 所示的娘惹鞋的鞋面中心是用荔枝跳技法进行装饰的。

## 二、"峇峇、娘惹"珠绣与厦门珠绣

珠绣是"峇峇、娘惹"服饰中常用的工艺，它是用针、线以一定的针法将珠子固定在纺织材料上并形成图案的一种装饰工艺，具有珠光璀璨、晶莹华丽、层次清晰、立体感强等特点。珠绣除了应用于鞋子上，还应用于包袋、腰带以及其他生活用品中，如图 5-4-12 所示。东南亚"峇峇、娘惹"珠绣的起源很难考证，当地土著民族有使用珠子装饰的悠久历史。中国珠绣工艺也有悠久的历史，起源于隋唐时期，唐代《通典》中有关于珠绣的记载："盛饰衣服，皆用珠翠。"经过唐、宋、元时期的发展，至明清时期中国的珠绣工艺已经发展得非常成熟。中国古代珠绣常用的材料为珍珠，而"峇峇、娘惹"珠绣所用材料多为欧洲工业革命后推广的材料——玻璃珠。

国家级非物质文化遗产——厦门珠绣，正是由东南亚华人带来的外来文化产生的影响和结果。早在 20 世纪 20 年代初期，一些华侨从海外带回一些玻璃珠点缀的绣花拖鞋，并委托中国手艺人生产。据记载，1920年左右，厦门的"活源商行"进口小玻璃珠，并生产珠绣工艺品，匠人们开始用进口的玻璃珠制作珠绣拖鞋。在当时的闽南地区（厦门、泉州、漳州）有大量从事珠绣的民间艺人。在厦门的大同路有诸多珠绣和珠绣鞋店铺，号称"珠绣拖鞋一条街"。到了20世纪50年代，民间艺人集中起来，组建厦门珠绣拖鞋厂，专门生产珠绣和珠绣拖鞋，其生产的珠绣拖鞋出口到亚、欧、美的50多个国家或地区。[①]

厦门珠绣常用的材料有玻璃珠和电光片，玻璃珠同样是有全珠、半珠两大类。全珠图案构图严谨，密不容针；半珠图案优雅秀美，清新悦目。全珠是在拖鞋鞋面上全部绣满色泽鲜艳的珠子和电光片；半珠是在拖鞋鞋面上用各色玻璃珠加上电光片等其他装饰材料绣成各种图案。常用的工艺手法有凸绣、平绣、串绣、粒绣、乱针绣、竖直绣、叠片绣等，以针线为工具绣制出浅浮雕式图案。图案多采用中国传统吉祥题材，例如"龙凤飞舞""双龙戏珠""狮子滚绣球""牡丹引凤""荷花鸳鸯""孔雀开屏"等。图案纹样丰富多彩，如图5-4-13所示为厦门珠绣蝴蝶。

厦门珠绣在一定时期内是为了满足东南亚华人需求而制作的，可以说前文中提到的"峇峇、娘惹"金线绣是东风南渐，而厦门珠绣则是南风东渐。

① 闽南网.厦门珠绣的历史渊源[EB/OL].www.mnw.cn/wenhua/ys/1252675.html.[引用日期2021-11-21]

图5-4-12　珠绣的包袋、腰带

图5-4-13　厦门珠绣蝴蝶

### 三、"峇峇、娘惹"服饰中的中国风格蜡染

蜡染在印尼和马来西亚都称为"Batik"。马来西亚的蜡染艺术属于印尼蜡染艺术,两个地区语言基本相同,历史上长期属于一个国家或邦国。蜡染是"峇峇、娘惹"服饰中重要的装饰工艺,早期的娘惹长衫、手帕和"纱笼"等都曾采用蜡染装饰,后期蜡染作为主要装饰工艺在"纱笼"中使用。蜡染也发展成为这一地区重要的产业,形成独特的蜡染文化艺术。19世纪初,莱佛士在其著作《爪哇史》中对爪哇地区的纺织、峇迪(Batik)布的生产与染色都有极为细腻的描写。书中反映出19世纪初峇迪布是一种极为奢华的布料,同样记载了多达100多种当时所见爪哇蜡染布的花式。

#### (一)中国历史文献中关于蜡染的记载

关于东南亚地区的蜡染艺术的起源众说纷纭,起源时间也没有定论,但蜡染在中国的史料中早有记载。南宋桂林通判周去非在其《岭外代答》里记载阇婆国(今爪哇):"阇婆国,又名莆家龙,在海东南……人民剃头留短发,好以花样缦布缴身。"[①]同时期赵汝适《诸蕃志》里还记载,中国舶商曾携带一种称为"五色缬绢"的布料到阇婆国去贸易。中国古代将印染花布称为"蜡缬"。从文献记载中可以看出,当时中国与爪哇地区已经有蜡染布料的贸易往来,中国的贸易商人将五色蜡染丝绸绢布带至爪哇。

"爪哇"一名直至元朝才出现。汪大渊在其《岛夷志略》中记述爪哇生产有"极细坚耐色印布",同时书中还记载有一地区叫"八节那间",并称此地"花印布不褪色"。"八节那间"即今天中爪哇北岸北加浪岸(Pekalongan)的地名音译,历史上这一地区是生产峇迪布的重镇。从中国文献中可知,元朝时北加浪岸的花布"花样缦布"已经远近驰名。这一地区是娘惹Batik"纱笼"的主要来源地,同时也是中国式蜡染的发源地。

历史上亚洲以中国为中心的朝贡关系和航海技术的发展交流非常密切,这一地区的蜡染艺术在地缘上与中国华南、西南地区有着渊源,在族群上中国南方的诸多民族与古老的马来、印尼族群同根同

① (宋)周去非:《岭外代答》卷三十六《阇婆国》篇,北京:中华书局,1999年,第88页。

系。后来随着航海技术的进步，这一地区与中国的海上贸易、文化交流等有着悠久的历史往来，中国文化艺术对东南亚地区产生了直接的影响，进而在当地形成了中国风格的蜡染，又称中国式蜡染。

## （二）中国式蜡染

中国式蜡染是指19世纪末流行于爪哇北部带有中国纹样的蜡染。"爪哇北岸的中国蜡染"这一名词由新加坡蜡染专门史学家李楚琳提出。它的形成是在爪哇本土蜡染艺术的基础上，融合中国传统文化而形成的独具特色的蜡染风格，这种风格不仅仅是流行于当时，更是对后来的印尼蜡染艺术的发展起到了不可低估的作用。蜡染专门史学家因格·玛可博·爱利特（Inger McCabe Elliitt）认为："北海岸地区在中国美术对爪哇的传播上扮演了一个重要的角色。"

### 1. 中国式蜡染的形成背景

爪哇北部是平静的爪哇海，与中国南海相连接，爪哇北海岸一直是海上丝绸之路在东南亚的重要贸易港口聚集区，包括今天的雅加达、井里汶、帕克龙根、三宝垄、拉森等城市。这里是世界各地商人的聚居地，这使得这一地区极具开放性，对中国文化以及其他外来文化接受度较高。19世纪、20世纪这一地区先后形成了欧洲、中国和日本三种蜡染艺术风格。

中国人自5世纪以来就已经到达爪哇北岸从事贸易，但是在长久的贸易中先进的中国文化并没有对当地爪哇的文化形成入侵式的影响，直到19世纪末，中国风格的蜡染才得以形成并被当地普遍接受，并风靡一时。探究其原因，一方面是由于中国贸易和文化长期润物细无声般的影响；另一方面是19世纪后中国移民大量增加，呈现聚集性增长，这些侨民将中国传统文化自觉地带入爪哇北部。早期这一地区的中国式蜡染是为了满足当地华人自身的需求，后期逐渐发展成当地流行的样式。华人在爪哇定居后，延续自己的宗教和传统礼仪，这些蜡染最早用于宗教和传统礼仪的生活活动。还有一个原因是，由于中国移民在爪哇印染业占一席之地，在爪哇的侨民多从事商业和工业生产，他们中很大一部分人从事的行业就是印

第五章 娘惹典型服装的形制样式特征

图5-4-14　新加坡蜡染装饰供桌布

图5-4-15　泉州非物质文化遗产博物馆的刺绣供桌布

染业。据统计爪哇地区平均100家蜡染厂中，就有58家是中国人开办的，在这种状态下，中国对爪哇蜡染的影响可想而知。

2. 中国式蜡染的应用范围

东南亚蜡染主要有服用和家用两种，服用的蜡染布品类基本按照当地习惯，最为常见的是"纱笼"、"可巴雅"、搭肩（"selendong"）；家用类主要有桌布和供布，李楚琳在《蜡染：创造东南亚的标志》中写道："北岸华族虽然多归依基督教和佛教，但是家中正厅仍照传统设供桌祭拜祖先。供桌前惯有一幅用蜡染制作而成的供桌布……"[①]这些供桌布都是由中国人自己生产，蜡染布的纹样也都是按照中国传统的习惯描绘。图5-4-14是新加坡蜡染装饰供桌布，图5-4-15是泉州非物质文化遗产博物馆收藏的一件刺绣供桌布，两者主题造型都为"五狮图"，无论是从图像学还是造型学的视角进行对比，都展现出两者的同根同源。

3. 中国式蜡染的样式结构特征

中国式蜡染更多的是应用在服装中，以娘惹"纱笼"最具代表性。20世纪前，早期中国式蜡染主要将中国图案形象本地化后，填充在爪哇蜡染样式构架中。图5-4-16所示为中国吉祥纹样"凤凰牡丹"以在地化的形象填充在当地"纱笼"的结构中，无论是凤凰还是牡丹的形象造型都已经与当地文化相融合。图5-4-17正是当年穿着类似样式、结构和图案纹样的娘惹影像。

① Batik: creating an identity /text, Lee Chor Lin; photography, Tara Sosrowardoyo, Lee Chee Kheong, Ho Keen Fi.

中国传统适合纹样的构架都出现在"峇峇、娘惹"服饰中国式蜡染中，更值得注意的是，这种风格的蜡染艺术不是单方面地照搬中国传统文化，而是吸收融合当地各种文化，尤其是当时的欧洲西方文化，中国纹样与欧洲装饰结构相结合，其样式逐步走向多元化。菲昂娜·科罗克在《蜡染》中陈述道："中国人被允许生产穿着欧洲风格的蜡染布，而中国人习惯把欧洲风格的蜡染改良。他们常用中国传统的花卉换掉了荷兰的郁金香、鸢尾等。只保留欧洲风格蜡染的基本装饰结构。"中国式蜡染更多的是中国文化的传承，无论是图像造型形象，还是内涵意蕴。图5-4-18是一件娘惹"纱笼"，其"身"是菱形格上一株株向上生长的花草，而"头"却是爪哇传统齿纹的重组，纹样既有造型的变化，又能体现出不同的文化底蕴。

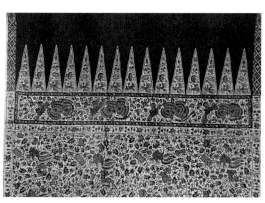

16 | 17
18

图5-4-16 中国"凤凰牡丹"填充的爪哇齿状纹样
图5-4-17 穿着带传统纹样"纱笼"的娘惹
图5-4-18 重组齿状纹样的"纱笼"

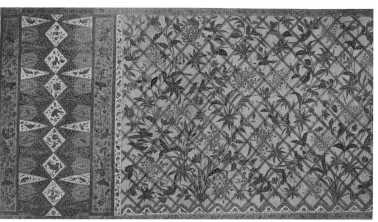

早期的中国式蜡染遵循爪哇当地的蜡染色彩习惯，在用色倾向上，爪哇贵族喜用褐色（深褐色、枣褐色、棕褐色），如图5-4-19所示，平民多用红色、蓝色，这些颜色主要来源于当地的天然植物染料。中国式蜡染率先打破这一传统，将欧洲工业革命的产物——化学合成染料使用在蜡染生产中，化学合成染料的染色艳丽且丰富，打破了传统天然染料色彩的局限性。中国式蜡染的色彩变得丰富且绚丽多彩，如图5-4-20所示。

**（三）中国式蜡染典型纹样特征**

中国式蜡染的纹样非常多样和多元，又具有一定程式化法则，其中中国纹样最具有表征性特征，并在不同时期呈现出不同的特点。早期（19世纪末期）画师主要临摹中国花鸟题材的刺绣图案，"纱笼"图案造型几乎与中国传统纹样一样。中期大量的写实图案涌现，人物图案在这个时期盛行起来，这些人物图案也主要来自中国的明清人物装饰图案。写实花卉也出现在这一时期，它与欧洲风格的纹样相结合，发展成爪哇蜡染纹样的重要花束纹样。这一时期值得一提的是在爪哇井里汶（Cirebon）地区的云纹，这种纹样是受中国云纹影响的。晚期的中国式蜡染更加地与本地的多元文化相融合。另外，中国回纹、万字纹等几何纹样在各个时期都有应用。

1. 动物瑞兽纹样——凤凰、麒麟

凤凰纹样是中国最具代表性的吉祥纹样之一，娘惹服饰蜡染中凤凰纹样呈现出不同类型。其中一种类型早期由于受当地蜡染技术的限制，将造型丰富多彩的凤凰进行简单化、抽象化，以线条为主来表现，如图5-4-21所示；后期受当地伊斯兰文化的影响，凤凰造型更加抽象处理，突出凤凰身体特征，如图5-4-22所示，这种已经在地化的凤凰图案，适用于当地所有族群使用；后期随着中国式蜡染的发展，这一类型的图案再次将头部和眼睛表现出来，同时运用更丰富的造型语言表现出凤凰舒展飞翔的形象，如图5-4-23所示。

另一类型几乎是完全照搬中国凤凰形象和动态，如图5-4-24

图 5-4-19　爪哇贵族蜡染"纱笼"及用色

图 5-4-20　中国式蜡染"纱笼"及其用色

图 5-4-21　早期抽象化的凤　　图 5-4-22　中期受伊斯　　图 5-4-23　后期发展的凤
凰纹　　　　　　　　　　　兰文化影响的凤凰纹　　　凰纹

图5-4-24　完全照搬中国凤凰形象和动态的纹样

所示，凤冠饱满，双翼伸展，凤尾飘逸华丽，整体造型修长，曲线婉转流畅，常与牡丹等花卉组合出现。凤凰纹样与印度教神话中的神鸟"噶鲁答"（"garuda"）（"噶鲁答"是印度尼西亚的象征，是印度尼西亚国徽的主要图案）相比，无论是造型还是寓意上两者都有许多共通点，两者的形象组成部件基本相同，挺拔的头部，展开的双翅，漂亮的尾羽，"噶鲁答"在地化后其形象更加简洁，凤尾变短、变直，装饰简单，整体造型变得呆板。而凤凰的造型继续发展，更加抽象化、程式化，翅膀和尾巴的造型相似，不再强调凤冠和凤头在整个凤凰造型中的焦点作用，造型上将头埋藏在身体躯干部分，如图5-4-25所示，这种凤凰造型夸张强调羽翼，凤尾弱化成两条纤细的形态。

再有一种凤凰造型是在整体造型呈圆形的"噶鲁答"基础上，将中国凤凰元素植入，如图5-4-26所示，这是典型的爪哇贵族所专用的纹样之一。中国凤凰修长、灵动的造型形态与圆形的爪哇传统凤凰结合，形成了一种新的在地化的凤凰造型，如图5-4-27所示。这几种类型的凤凰造型至今仍在爪哇蜡染中使用，是中国吉祥文化在地化融合的典型案例。

中国式麒麟的形象则基本上延续中国传统纹样的造型，如图5-4-28所示，这是一条专门用于包裹新生儿的"纱笼"，两端各有一对"麒麟献瑞"的吉祥图案，麒麟的形象临摹中国麒麟纹样，

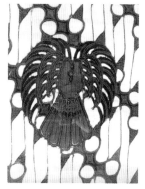

图5-4-25  强调羽翼的凤凰纹　　　　　图5-4-26  爪哇贵族专用　图5-4-27  "噶鲁答"与凤凰结合纹样
　　　　　　　　　　　　　　　　　　　　　　　"噶鲁答"纹样

姿态多是奔走回首，形象生动，气势雄浑，图案构图上采用对称式。中间在吉祥万字纹骨架上填充着各种瑞兽，如鹿、鱼等，如图5-4-29所示。龙的纹样造型多用于宗教祭祀用品中，最为常见的产品是供布。中国式蜡染中，鸡、蝴蝶等富有吉祥寓意的动物纹样也常有出现。

　　2. 植物花草与花束纹样

　　植物花草纹样是东南亚当地所有族群都喜爱的纹样类型，中国式花草纹样从早期的在地式平面化临摹，逐渐趋向写实。中国式花草纹样从中国"生色花"中吸取灵感，这种写实折枝花注重对花卉自然生态的描绘，既可以单独成纹，也可以和动物、人物组合构成各种形式丰富、寓意吉祥的纹样。

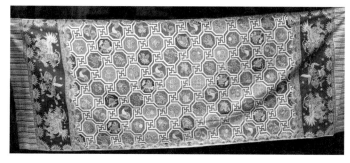

图5-4-28  包裹新生儿的"纱笼"

图5-4-29  吉祥万字纹骨架上的瑞兽

图5-4-30　植物、鸟、蝶组合的中国式蜡染及纹样

其中一种形式的花草图案在描绘方式上借鉴中国工笔花鸟的线描手法，注重植物生长结构，细致地描绘花瓣叶脉，这与当地的描绘方式有所不同，这种风格的花卉图案最早是为了适应华人的需求和审美而设计的。图5-4-30所示是一件收藏于日惹蜡染博物馆的中国式蜡染"纱笼"，最中间的图案是一株鸟、蝶组合的花草植物，这株植物整体呈向上伸展的姿态，扎根生长在山丘之间，山丘的造型几乎照搬中国画中画山的简练笔法、造型和形式。

另一种形式的花草图案是中国题材的植物花草纹样与欧洲花束相结合的产物，李楚琳在《蜡染：创造东南亚的标志》中阐述："花束纹最初是由欧洲人经营之蜡染作坊设计推广，后来竟成典型的土生华人纱笼图案……"[1]中国花束纹样与欧洲花束纹样的区别，一是花卉题材不同，二是描绘花卉的手法不同，中国借鉴了工笔花鸟的技法，注重气韵，不注重光影效果，而欧洲的花束写实手法上强调明暗光影的套色，以表现花的立体效果。中国题材图案在同时期的欧式蜡染中也可以看到，也有专家学者认为，这是中国文化对爪哇欧式蜡染的影响。这也反映出中国文化在当时具有广泛的影响力。牡丹花束纹样是这一类型中国式蜡染花卉题材的代表性纹样，

① [新加坡]李楚琳：《蜡染：创造东南亚的标志》（Batik Creating An Identity），Singapore: EDITIONS DIDIER MILLET, 2018年，第68页。

图5-4-31 中国式蜡染牡丹花束纹样"纱笼"

图5-4-32 中国式蜡染牡丹花束纹样

如图5-4-31、图5-4-32所示。

3. 人物故事纹样

　　中国式蜡染人物故事纹样的题材主要有两大类：一是仙人题材纹样，仙人题材的纹样除了人物形象外，还会组合各种吉祥图案，八仙是这一题材纹样的典型代表，这与中国神仙故事"八仙过海"有直接的联系；二是中国民间故事题材纹样。

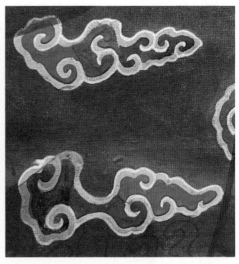

图5-4-33　单朵云纹织物裱封
清华大学美术学院藏

图5-4-34　四合如意云纹裱封
清华大学美术学院藏

图5-4-35　明代仕女容像上的云纹　中国国家博
物馆展

#### 4. 井里汶云纹

井里汶云纹是爪哇井里汶地区所特有的云纹蜡染图案，爪哇语称为"麦加门登"（"Megamendung"），意为大块的云朵，出现时间也在19世纪，至于为什么会只出现在井里汶，一直没有得到考证。徘冯·凡·罗杰（Pepin van Roojen）提出，云纹确实是由中国传入的。

云纹是中国一种古老的吉祥纹样，象征着高升、如意，在中国古代纹样中具有重要地位。云纹在不同时期有不同的造型，例如商周的"云雷纹"、战国的"卷云纹"、汉代的"云气纹"、唐代的"朵云纹"、明代的"团云纹"、清代的"叠云纹"或"祥云纹"等。在纺织品中云纹自经历了汉代的辉煌后，在明代再次成为主角，成为明代织物最流行的纹样之一，明清时期云纹更是官服补子和命妇服饰上最常见的纹样之一。如图5-4-33至图 5-4-35是清华大学美术学院收藏的明代织物裱封上的云纹。其中图5-4-33为单朵云纹，云头向内翻成涡卷，云尾飘展。图5-4-34为四个卷花相合而成的云头，云头夸张，云尾与四周云气相连，构成连云，这种云纹又称四合如意云纹。图5-4-35所描绘的云纹是明代命妇容像上的云纹，

图 5-4-36　饱满圆形造型的井里
汶云纹

虽为单朵云纹，但云头、云尾与图5-4-33的造型不同。

　　井里汶云纹既承袭中国云纹，有饱满的圆形造型，翻转的旋
涡，如图5-4-36所示，也有将云头纹与云尾合二为一的，呈现出
独特的角形，如图5-4-37所示。当地手艺人还创造性地将云纹与
当地的图腾文化、蝴蝶纹样相结合，如图5-4-38所示。这是中国
文化海外影响的又一例证。

图5-4-37　角形云纹

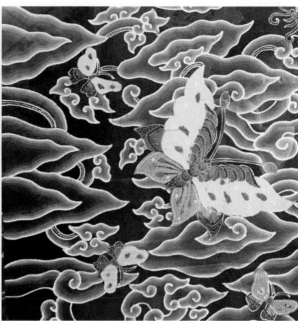

图 5-4-38　角形云纹与蝴蝶造型相组合

### 5. 几何纹样万字纹和回纹

中国式蜡染中几何纹样最常见的是万字纹和回纹。万字纹的出现时间远远早于19世纪，可以追溯到这一地区的印度佛教时期或者更早，可以肯定的是这种纹样是由中国传入爪哇。万字纹在中国式蜡染中的运用主要是用作骨骼结构和底纹，一般不单独使用。万字纹在中国寓意"喜悦、财富、长寿"。前文中图5-4-29中的万字纹作为图案的骨骼结构连接着整块"纱笼"。另一种常见的几何纹样是回纹，这种首尾相连的形态，主要用于中国式蜡染的边饰，或者是整个结构的分割线，同样具有"富贵连绵不断头"的吉祥寓意。

# 承袭中国："峇峇、娘惹"婚礼服

第一节　娘惹新娘的凤冠、云肩与花冠

　　娘惹会在婚礼上穿着承袭自父系中国婚礼着装习俗的"凤冠云肩"，它是"凤冠霞帔"的民间进阶。"凤冠云肩"在中国是自明朝以来婚礼的标准搭配，"真红大袖衫"和"凤冠云肩"的组合已成为中国婚礼的标准样式模板。中国传统婚礼新娘服装隆重、极尽奢华，娘惹的婚礼服也承袭这一特征，整体风格隆重华丽，又因受闽南重金婚俗文化的影响，娘惹的凤冠以黄金为基础材质，以珍珠、宝石和其他材料进行镶嵌，云肩也从丝绸刺绣发展为用黄金制作。

### 一、娘惹新娘佩戴的凤冠

　　凤冠在中国的佩戴历史久远，它脱胎于先秦的禽鸟冠，经历了漫长的发展演变，到宋代凤冠霞帔已成为礼制服装样式之一，是以皇后为代表的高等级命妇所佩戴的礼服头冠，象征高贵、制作精美、用料奢华、工艺精湛。明代延续这一礼制，并将其逐步完善成为最隆重的礼制体现，按凤冠礼制规定有常服冠和礼服冠两种，在等级森严的中国服装制度中，真正的凤冠只能是皇后佩戴，而其他命妇则应是佩戴"翟冠"。九龙九凤冠为皇后礼服冠，在受册、谒庙、朝会等重要场合，与翟衣一起穿戴；六龙三凤冠是燕居冠，也就是常服冠，明代皇后的燕居冠服仅次于礼服，也是被用于各种礼仪场合中。

　　而民间婚礼上的"凤冠"，其实只是"借名"而已，并不是真正的凤冠。皇后佩戴的无论是"凤冠"还是"翟冠"均制作成本高昂，而真正出身平民家庭的新娘的冠饰，只是借皇后礼冠的吉言，形制的繁简与价值的高低都相差甚远。

　　娘惹的凤冠多承袭自中国民间凤冠的形制样式，因族群的迁徙，出现槟城式和马六甲式两种娘惹凤冠样式，槟城式凤冠会更多呈现中国凤冠的形制特征，马六甲式凤冠则更多融合多元文化。槟城式凤冠佩戴时由两部分组成，首先佩戴抹额，抹额上面佩戴凤冠，抹额通常是黑色的布料上装饰铆金吉祥人物装饰，通常有中国神话中的"八仙""福禄寿"仙翁等。图6-1-1为黄金质地的八仙和一位仙翁。不同于中国国内的"八仙"，娘惹凤冠上的八仙脚下所踩的不是仙器或祥云，而是各种海洋生物，如鱼、螃蟹、虾等，这正是海洋文化影响的表现。黑色的抹额和钉在上面的神像是为了祈求保佑新娘免受侵扰，这与娘惹出嫁当日的"戴乌金"习俗类似。图6-1-2是一套收藏于槟城"峇峇、娘惹"博物馆中的凤冠抹额，陈列于底部的正是黑色的抹额。上面的凤冠为六凤制，六只金质立体的凤凰口衔垂珠，凤凰下面是一圈宝相牡丹花，中间镶嵌大珠；六只凤凰的两侧是前后两对金质如意，如意下缀有红色流苏垂于肩头，上面则是点缀了满满的各色小绒球和扇贝造型的金质装饰，凤冠的最顶端是九颗大的红色绒球。这是典型的槟城娘惹凤冠样式，整件凤冠在黄金质地的基础上装饰着大量的点翠，只因年久点翠剥落，才呈现出目前的样貌。

图6-1-3和图6-1-4这两顶槟城式九凤制凤冠，整体中国风格十足，但是与皇家礼制中凤冠的形制、样式还有很大区别，如图6-1-5是中国国家博物馆展出的一件明代礼制凤冠，对比来看，槟城式凤冠更多应该是来自中国民间凤冠，并受到戏剧元素的影响。这两顶新娘凤冠饰有黄金、钻石以及黄金花瓣，零星地用丝绸或山羊毛制成的绒球与大圆珍珠交错分布点缀，这种装饰手法与我国戏曲的凤冠相似，这些装饰起到了增加喜庆氛围的作用。凤冠中九只端庄的金色凤凰，羽毛以优雅的蔓藤花纹饰加以装饰，喙部悬挂着

图6-1-1　八仙与仙翁抹额

图 6-1-2 槟城"峇峇、娘 图 6-1-3 槟城式九凤制凤冠1 图 6-1-4 槟城式九凤制凤冠2 图 6-1-5 明代礼制凤冠
惹"博物馆的六凤制凤冠

一串金珠子，以此寓意将天上的善良、美德、恩典和仁慈赐予新娘。冠中天龙腾飞与蝴蝶并置，表达在恋人之间建立不朽纽带的誓言。金色饰品与彩虹色绒球、绿松石、翠鸟羽毛与流苏装饰相映成趣，都表现着穿戴者的身份地位，以及对所有美好的祝福的祈愿。

马六甲式凤冠则整体风格更加融合，体量小于槟城式凤冠，在形制样式上承袭龙、凤、牡丹等这种带有中国标识性语言的元素，如图 6-1-6 所示。马六甲式凤冠与在地的多元文化相融合，首先在造型上打破了中国凤冠整体饱满的扇形结构，如图 6-1-7 所示，这一款收藏于新加坡"峇峇、娘惹"博物馆中的凤冠呈双层塔形，短小的珠帘垂于额前，凤冠的第一层装饰有各种或平面或立体的烦琐的中国吉祥纹饰，第二层则是缩小呈花苞形，同样装饰着烦琐的中国吉祥纹样。其次制作工艺也更加多元，既有华人喜爱的点翠、花丝工艺，也有当地装饰工艺以及西方的钻石镶嵌工艺等。再次材料仍以黄金为主，其他装饰材料也同样多元化，钻石等西方喜爱的宝石也应用在凤冠上。

## 二、娘惹新娘的云肩

同明清时期的新娘一样，娘惹在婚礼的第一天，不仅要佩戴

图6-1-6　马六甲式凤冠

图6-1-7　新加坡"峇峇、娘惹"博物馆展出的凤冠

凤冠，还需披云肩。云肩通常由云肩和帔子两部分构成，也可以单独使用。云肩是中国女性披在肩上的传统装饰物，是中国汉族女性服装重要特征之一。因华美的装饰如雨后云霞映日，又如晴空散彩虹，故称之为"云肩"。它造型别致，装饰图案内涵丰富。云肩是汉族吸纳外来服饰文化，融会贯通，升华为自己的民族服

图6-1-8　四合如意式云肩

图6-1-9　戏服中的如意云肩

饰的结晶。云肩起源于北朝,是由佛教中的人物所穿着的披肩逐渐演变而来的,到明清时期就演变成了现在看到的这种形制的云肩,它是汉族女性在重大的礼仪场合所穿着的礼服之一。云肩有很多种样式,多见"旋转柳叶"式云肩、"四合如意"式云肩和"莲花"式云肩等,最具特色和最为常见的样式为如意式,不同地域文化背景下云肩的尺寸、款式、配色、配件等各不相同。图6-1-8为收藏于清华大学艺术博物馆的一件"四合如意"式云肩,对称的如意造型,内绣满各种人物,下方垂流苏,增加动态美。图6-1-9同样是该馆收藏的一件戏服中的如意云肩,这件云肩在"四合如意"的基础上演变为"八合如意"形,且为三层式,结构更加复杂,纹样更加精美。

娘惹云肩同样非常喜爱如意造型,如图6-1-10是槟城"峇峇、娘惹"博物馆中一件19世纪云肩藏品,为更多层次、更多数量的如意纹组合的一款云肩,每一件组合片上都绣满了吉祥图案。

图6-1-11、图6-1-12为娘惹的另一件云肩,其形制为"旋转柳叶"式云肩。这款云肩复刻了中国明清时期的云肩,让新娘有在

百花丛中绽放的形式美。云肩通常从领子周围延伸出3至4层不同颜色、形态和纹样的刺绣领片,新娘将这件重工的云肩披在传统的结婚外套上。云肩最靠近脖子的一圈以圆形为多见,为酱紫色,刺绣的纹样有象征富贵的龙凤和牡丹花等。此圆领工艺也会出现在伴娘及花童的衣着上。向外延伸,为花瓣形的第二层,这一层多为正红色,四周以金线压边,多绣有石榴花、蟋蟀等多子多孙寓意的吉祥纹样。最外层的裁片最大,形态更加灵动,且在东南西北四个方位改为如意样式的裁片,此层的颜色是绿松石色或东南亚长衫里的浅蓝色,这层的刺绣纹样多为八仙等人物纹样,人物色彩多样,以细线刻画,做工极其精美细致。后领上出现两条追火和明珠的龙,前面的帔子上绣着凤凰与牡丹。龙,即皇帝,是阳气的象征,象征着男性的活力和力量;明珠象征着真理和智慧;凤凰和牡丹是女性美的符号,寓意富贵与尊贵。凤凰与龙相伴,宣告了一对佳人的美

10 11 | 12

图6-1-10 如意造型娘惹云肩
图6-1-11 "旋转柳叶"式娘惹云肩
图6-1-12 娘惹云肩及披带

第六章 承袭中国:"峇峇、娘惹"婚礼服

161

图6-1-13 黄金镂空娘惹云肩

好联姻，在绿松石色的帔子上绣着一系列吉祥物，让吉祥纹样沿着它的长度一直延伸到尖端，再让它以欢快的杂色流苏为结尾，寓意甜蜜到白头的美好希望。

为了彰显奢华，娘惹后期更将黄金制作成云肩，图6-1-13所示为模仿中国云肩造型，运用金属镂空工艺完成的一件黄金云肩，每一片黄金片上都有镂空雕刻的缠枝花牡丹纹样。

### 三、回娘家佩戴的花冠

娘惹新娘在回娘家时通常会佩戴各种发箍头饰，这类头饰因其造型像盛开的花，故称"花冠"。如图6-1-14所示，这是一张20世纪"峇峇、娘惹"新人在婚礼第三天留下的珍贵影像，影像中的新娘正是梳着花冠发型。

照片中新娘发髻上戴着大量的金银铜制且镶有钻石的发簪，颤珠花鸟上下翻飞，使得头冠看上去闪闪发光。这些发簪在新娘头上塑造了一顶珠宝王冠，其造型源于马六甲，类似于马来西亚人在婚礼仪式中使用的"sanggul lintang"头饰（女性盛装时头上插戴一种类似帆船的头饰，为金质或铜质）。在婚礼仪式的那些日子里，花冠上总共会有十余种乃至更多的花卉簪饰出现，其中包括带有马来西亚名称的花，例如纳扬茉莉，以及当地有代表性的绉纱茉莉、玫瑰和菊花。这些发簪在攒花冠上层层叠叠排列达上百个。发簪作为新娘最重要的头饰，象征着女性的尊严，这些层叠繁复的头饰提醒着新娘身负作为妻子、母亲和儿媳的责任与义务。

图6-1-15为槟城婚礼仪式第三天新娘所佩戴Hwa Khuan花冠，槟城新娘将头发梳成发髻，把层层叠戴的栀子花、纸绢花和结辫装饰在发髻两侧。以两组发簪在发髻周围环戴一圈为止，银丝绕花丛，从花冠顶部边缘延伸出来，花冠顶还饰有宝石镶嵌的发钗和颤珠。花冠上有六只小凤凰钗头，各身背着一朵银花，发钗都连接着弹簧，呈颤珠花的样子环绕着一朵金色蕊心的花。常以栀子花作底，而后使用天鹅绒和金丝带或金丝蝴蝶渐次层叠。冠下是层层叠叠的栀子花花蕾组成的底座。

图6-1-14　娘惹花冠发型

图6-1-15　槟城Hwa Khuan花冠

马六甲新娘的花冠造型和样式与槟城式几乎一致，只是花型颤珠发簪在两鬓位置以扇形散开。

## 第二节　娘惹新娘礼服的形制与特征

"峇峇、娘惹"的婚礼不仅在风俗礼仪上秉承中国传统，娘惹婚礼最为隆重的服装——婚礼第一天的嫁衣，更是同样继承中国"上衣下裳"的服装形制以及中国传统嫁衣的样式造型。娘惹的婚礼服整体风格庄重华丽，配饰金光闪闪，其款式类似于中国戏曲服装，大致可以概括如下：头戴凤冠肩披云肩，上穿大襟衣衫，下着马面裙，脚穿珠绣鞋。色彩以大红色为主色配以黄色，以华丽的金线刺绣为主要装饰手段，娘惹们身居海外不受中国等级制度、皇权的约束，故婚礼服中常用牡丹、凤凰、龙等"僭越"图案纹样，图案纹样布局讲究对称。娘惹的婚礼服除了精美的头饰、服装之外，还会佩戴象征财富的各种首饰，尤喜金首饰，这与中国闽南沿海地区婚礼中"重金"风俗也不谋而合。

婚礼第三天回娘家的礼服为精美刺绣长衫，配"纱笼"和珠绣鞋。长衫的色彩多为淡雅的粉红色，"纱笼"多为大红色，面料多采用本地一种名为宋吉（"songket"）的布料（该布料又称金锦缎），外观华丽亮眼。此外，由于婚礼时间过长，且地处沿海热带，气温偏高且潮湿，"峇峇、娘惹"会贴身穿由细小竹管串制而成的内衣，增加舒适感。

### 一、娘惹嫁衣——右衽大襟衣

#### （一）嫁衣的造型样式特征

"衽"指衣襟，"右衽"即衣襟从左向右掩盖，领型交叠系绳带穿着。平面结构的交领服饰遍及东南亚各民族，左衽衣襟与右衽衣襟相混杂，中国汉服有明确的交领右衽形制制度。在古代中国，汉族不论男女，门襟一定是采用右衽，这是中国传统服饰文化中的重要制衣原则。右衽——是中国古代华夷之辨在服饰表现上的重要区分。右衽的中国服饰蕴含了中国古代的自然观、哲学观和造物观，蕴含了古人对天地自然最质朴的理解。根据中国的自然观和阴阳哲学观，从上下左右、东西南北的方位上来讲，左为阳，右为阴；具体到人体上来说，人体的左侧属阳，人体的右侧则属阴。这些"天地阴阳""上下内外""东西南北""天人合一"之类的观念，都和中国古代服装设计制作密切相关。古代中国死者的丧礼服为左衽。《礼记·丧大记》明确指出："小敛大敛，祭服不倒，皆左衽，结绞不纽。"死者入殓的服装为左衽，并系死扣。因为去世的人已经离开了阳间，到了阴间，和在世的时候完全相反，已经乾坤颠倒，阴阳两失了；而且，去世的人再也不需要解开衣襟了。所以，中国古代服饰文化里，逝者的寿衣为左衽，在世的人一定要用右衽。

娘惹嫁衣也秉承了中国传统的交领右衽大襟衣的形制，如图6-2-1所示，这种服装样式最大的特征为衣门襟边缘线从脖子至右臂下，在身体的右侧扣合。衣长有长、短两种样式，长款的衣长约至小腿中间，短款则至大腿根部臀围线附近。衣领多为中式领子，领口一粒盘扣，右胸前增加盘扣延伸至侧边，共有3至4粒扣子，

图6-2-1　娘惹的交领右衽大襟衣

袖型为长直筒袖，衣襟两侧开衩。关于服装开衩样式，在《大清会典》里面有明文记载，只有皇帝及宗室（皇帝的直系亲属）能穿前后左右四开衩的袍，普通的官员只能穿两开衩的袍（骑马的时候着前后开衩袍，上朝的时候着左右开衩袍），没有身份地位的老百姓只能穿不开衩的裹身袍。而娘惹嫁衣的开衩同样因在海外而不受皇权约束。

（二）嫁衣的色彩特征

大红（又称朱红或赤红）色、金黄色是娘惹嫁衣最主要的色彩，红色的基调上配以金黄的图案，这正是中国人表达喜庆最为常用的色彩搭配。

1. 吉祥中国红

红色在中国服饰色彩语言中主要象征着吉祥、兴旺，尤其是在中国色彩文化中最突出并具民族代表性，中国人对红色的情感是多层次、多维度的。红色在中国文化中作为吉祥象征，其渊源可追溯到原始人对火的崇拜。红色还是血液的颜色，具有辟邪的意义，这也是在中国文化中一个非常具有代表性的表现。中国人眼中的红色还代表着喜庆、吉祥，中国传统节日、结婚生子等喜庆日子都离不开红色。红色是明代后的女子婚服的主要色彩，"峇峇、娘惹"的整个婚礼同样都以红色调为主，这正是中国崇尚红色文化的海外延续。娘惹新娘穿着红色嫁衣寓意着吉庆和祥瑞，同时也是辟邪和祈福的表达。

除了上述中国传统红色文化基因外，"峇峇、娘惹"对红色服装的喜爱还与中国沿海地区的妈祖文化有关。妈祖作为海上女神常常救人于危难，相传妈祖身穿红色服装，化身红色大鸟，放下红绳，将人们救出险境。随着妈祖文化的传播，沿海地区的人们由原来的部分穿红到全身穿红，红衣、红裤成为一种对出海平安、丰收的祝福。"峇峇、娘惹"作为中国南方沿海地区移民的后代，海洋妈祖文化是其重要信仰之一，红色也是中国海洋文化在海外华人族群身上留下的烙印。

## 2. 尊贵且富有的金黄色

在东方文化中黄色是最为高贵的色彩，长期作为皇家专用色，平民不得使用。其代表的社会地位和尊贵不言而喻。金黄色更是黄金的色彩和质地，娘惹服饰的金黄色就是采用黄金作为材料捻合成线进行编织，这种工艺因此称为"金线绣"。金光闪闪的金黄色更是财富和权力的象征，而且这一象征意义全世界通用。娘惹嫁衣大量的金线刺绣正是她们族群财富和地位的展示。

### （三）嫁衣的材料和装饰特征

娘惹嫁衣的主要材料是来自中国的丝绸锦缎和金、银线，以及其他丝绸绣线、兔毛等。装饰着各种由金线绣制的中国吉祥纹样，装饰图案一方面承袭中国婚嫁服装中最为常用的"龙凤呈祥""凤凰牡丹""鸳鸯戏水"等传统婚嫁中的吉祥纹样，另一方面在纹样图案的使用上常常"僭越"，例如中国男性、皇权象征——龙的图案也使用在娘惹的嫁衣中，中国官服中常用的"海水江崖"纹也出现在娘惹嫁衣中。其制作和装饰工艺也都来自中国，中国的材料和装饰特征成就了娘惹嫁衣最具视觉辨别性的外观。

### （四）槟城式和马六甲式嫁衣

槟城和马六甲的娘惹嫁衣在细节上会有所不同，槟城的娘惹嫁衣风格更偏中国传统文化元素，衣边常用兔毛装饰，寓意多子多孙，礼服的衣摆和裙摆喜用刺绣水波崖纹装饰。马六甲娘惹嫁衣最大的特点在上衣的袖口，会有8至10条刺绣带对称装饰在袖口，刺绣图案多为中国传统吉祥寓意的花鸟图案，如海棠花、仙鹤、喜鹊等。

### 1. 槟城式右衽大襟衣婚服

"峇峇、娘惹"婚礼对中国习俗和传统纹样符号及其意义有着深深的迷恋，如"龙凤呈祥"是中国夫妻幸福和谐的象征，这些倾向在娘惹嫁衣的刺绣和面料中得到了充分展现。

如图6-2-2、图6-2-3所示，这是一件槟城的娘惹嫁衣，用朱红色锦缎制成，饰以金线刺绣，服装的边缘装饰有兔毛，寓意多子

图 6-2-2　槟城右衽娘惹嫁衣

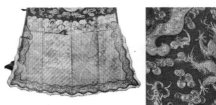

图 6-2-3　槟城娘惹嫁衣的细节图

多孙。一条正面的五爪金盘龙，五爪抓着珍珠，占据着整件嫁衣的中心，两肩各有一条盘龙。龙是古代中国皇帝和高级官员服饰的图案纹样。龙的刺绣在祥云、蝙蝠及八仙纹样中更显得威风凛凛，共同构成了"大吉大利"的组合。五爪金龙盘旋而居，称霸天地，是"长寿"象征，重复的祥云图案寓意带来永无止境的财富。

　　在这件服装的底部是汹涌澎湃的巨浪和气势磅礴的金山，这条海、陆、山环带几乎将这件威武服装的下半部分都包围了起来，波浪与山峦寓意着和谐，奢华的金银丝线包裹在红线中，营造出自然主义的立体效果。多层起伏的金色波浪在加长的袖口涌动，金银丝线的汹涌波浪，搭配蓝色、绿色、红色和藏红花色纱线，产生涟漪和运动的视觉效果。层层波浪寓意海洋般广阔的财富及山峦般的长寿富贵。这种图案纹样源自中国明清官服中的"海水江崖"纹。

　　图6-2-4是一件娘惹新娘在传统的中式婚礼上穿着的朱红色刺绣新娘长袍。这件婚服有一个小中式领，长袍前部有一个十字左上方开口，用一字盘扣固定。婚服领子上绣着梅花、百合和鸢尾花，它们沿着藤蔓和卷须而上，环绕着鸳鸯纹样。圆领处波浪形的裁剪让人联想到莲花的花瓣，金莲花象征着纯洁和纯真，穿着荷花领的少女像是被包裹在花朵中，使得娘惹穿着时更加优雅精致。莲花的"莲"同音于联结的"联"，象征着婚姻中的联结，同时又象征着爱意的"恋"和谦虚、廉洁的"廉"。

　　长袍正面中央有一只金色的凤凰，凤凰是华人心目中的图腾信仰，它外观形态和举止都优雅而高贵，是女性高贵身份的象征。一朵富贵的牡丹置于竹格之上，竹在衣服的下三分之一处被设计成重复的几何织带。竹是中国美德的物质载体之一，寓意新娘品行端正，且竹同音"祝"，承载着对新人的美满祝福。以一条波浪形的绿松石条纹装饰侧开衩及圆形下摆，其中还有水仙和百合的图案，百合花是中式婚礼的传统吉祥纹样，寓意"百年好合"。全金刺绣的工艺闪闪发光，搭配红色的丝绸面料更显庄重和富贵。

　　图6-2-5是19世纪末20世纪初槟城娘惹新娘的嫁衣，这件嫁

图6-2-4　娘惹朱红色刺绣新娘长袍

图6-2-5　19世纪末20世纪初槟城娘惹新娘嫁衣

衣与云肩相搭配更显奢华。

### 2. 马六甲式右衽大襟衣婚服

对于马六甲海峡华人家庭来说，婚礼是隆重的时刻。如图6-2-6所示，这件深红色的娘惹嫁衣刺绣着凤凰、牡丹以及盛开的荷花，凤凰穿行在花丛中象征着幸福和快乐，荷花的"荷"与"和"同音，因此选用荷花衣领，将荷花装饰于上衣中，寓意"和谐美满"。精致衣领上镶嵌紫色菊花扣且一直延伸到侧面开口处，紫色纽扣是用小菊花制成的一字盘扣，花瓣形状优美，环绕在抛光黄铜球体纽扣上，再以紫罗兰色织边勾勒出服装的轮廓。在中国古代，紫色被视为极为珍贵稀有的颜料，朝臣和五品以上的官员有穿着紫色的礼制，因此，紫色被认为是高贵的，现如今此种紫色被称为"帝王紫"。袖子的袖带、斜侧开口、侧缝、裙边均采用点缀着金色花朵和鸟类纹样的金线贴花编织。花边有开窗式各色图案装饰在金色的底色上。

宽大的长袖口布局着五条浅玉、粉、玉兰、紫、青色的金袖带，五种颜色代表五福临门，且各绣着莲花、兰花和梅花等吉祥纹样。侧开衩和下摆共有五朵海棠贴花，与袖口的五条袖带相呼应。

五对应五行吉祥数字,它是中国思想的基本组织原则,无所不在地与五福、五经、五行等联系在一起,这些都是美好生活的载体象征。两朵盛开的牡丹花在前胸上,牡丹下面有一对凤凰,每只都有两个讨喜的尾翼,以优雅的姿态下降,下降的凤凰和牡丹暗示幸福婚姻的到来。这对色彩斑斓的凤凰展开了万花筒般的翅膀,两侧有两根锯齿状尾羽在牡丹花上空盘旋,共六尾羽,是代表女性的"阴数"。上衣底部饰有两株牡丹,牡丹不仅是"春之花",更是"百花皇后",因此牡丹纹样尤其受到马六甲海峡娘惹的喜爱,多用渐变色调营造华丽氛围。

## 二、马面裙

娘惹嫁衣下装搭配马面裙,马面裙是汉族传统裙装,也是中国人穿了几千年的传统服装样式,马面裙发展到明清、民国更成为汉族女性典型的礼服。马面裙是一种统称,具体有鱼鳞百褶裙、百褶裙、月华裙、襕干裙等样式。"马面"作为与服装相关的词汇的记载可以在明代太监刘若愚《酌中志》一书中看到这样的叙述:"其制后襟不断,而两旁有摆,前襟两截,而下有马面褶,从两旁起。"[1] 由此可以初步推断,明朝时期的女裙样式中已经出现在结构上有两侧打褶而前后中部不打褶的款式。清代的马面裙,无论是

① (明)刘若愚:《酌中志》第十九卷,台北:伟文图书出版社有限公司,1971年。

图6-2-6 马六甲式右衽大襟衣婚服

名称还是款式，基本元素的变化都是在师承明代相关款式的裙子基础上发展起来的。包铭新先生在《近代中国女装实录》一书中也曾尝试给出马面裙的定义："中国古代主要裙式之一，最典型的马面裙流行于清代，前后里外共有四个裙门，两两重合，外裙门有装饰，内裙门较少或无装饰"；"侧面打裥，腰裙多用白色布，取白头偕老之意，以绳或纽固结。"①

① 包铭新：《近代中国女装实录》，上海：东华大学出版社，2004年，第180页。

明代马面裙的形制以两片共四裙门为主，这样的形制，在南宋已初现端倪，明代则进一步发展为在裙子两侧打褶，中间有一段光面，此即"马面"；裙底以及膝盖位置饰以各种纹样的宽边，称为"襕"，这是明代女裙形制结构的典型构成元素。明制马面裙一般用 7 幅布幅，每 3 幅半拼成一片裙幅，两片裙幅围合成裙子；裙子的前后叠合的 4 个裙门保持平整，两侧打活褶，褶子大而疏，用异色的裙腰固定，裙腰两端缝缀系带；裙摆宽大，摆幅上用织或绣的形式缀饰底襕或膝襕。裙襕的纹饰往往采用寓意丰富的吉祥图案，官宦之家的女性则用更加讲究的龙纹、云蟒纹等。马面和裙襕的组合，成为马面裙变化丰富、摇曳多姿的形制基础。清代汉人女子在样式上继续传承明代，马面和裙襕的装饰较为繁复，褶子变得细密，有多至百褶的，褶子变为固定褶，褶子之间还有镶边，衍生出侧裥式、襕干式、凤尾式等形制类别。

娘惹的新娘裙装便是承袭我国明清时期襦裙形制的马面裙。如图 6-2-7 所示，这是一件槟城新娘的马面裙，橙红色的马面裙用金线绣装饰着金色图案，搭配朱红色的上装嫁衣。这件丝绸锦缎马面裙的结构由白色的腰头、前后"马面"和左右褶裥组成。因为上衣的长度几乎达到膝盖，因此裙子的装饰集中在能够露出的下半部分，"马面"的视觉重点是一条盘金龙，这与图 6-2-2 嫁衣上的图案相呼应，金龙浮游在海水江崖纹之上，这也是典型的中国图案纹样的组合方式。两侧褶裥上同样装饰着大面积的金线绣图案，层层海水纹上是折枝花。"襕"采用对比色基调的青绿花

图6-2-7　槟城新娘的马面裙　　　　　　　　　　　图6-2-8　马六甲新娘的马面裙

边图案装饰。作为一件槟城的马面裙，兔毛的装饰是必不可少的，兔毛装饰裙摆一圈。整件马面裙视觉效果炽热、优雅，裙身的褶皱设计让娘惹在穿着走动时更显出金银线的光泽。

图6-2-8所示为马六甲新娘的马面裙，其结构样式和槟城的基本相同，但在装饰细节上有所区别，首先没有兔毛作为装饰，其次刺绣不仅仅是金线绣，还有丝线刺绣，再次马面的造型也不仅仅是简洁的长方形，还增加了波浪的线条，更显活泼与灵动，最后"襕"多用"滚边"装饰。

### 三、回娘家长衫礼服的特征

"峇峇、娘惹"婚礼的第三天，一对新人要回到新娘父母的家中，参加回娘家的敬茶仪式。娘惹新娘会穿着精美刺绣的长衫，配大红色宋吉"纱笼"和珠绣鞋。新郎穿着西服，并戴着领带和星星胸针。

槟城娘惹新娘的长衫为丝绸锦缎制作，金银线绣花装饰，整件服装饰有兔毛饰边，华丽而庄严。如图6-2-9所示，这是槟城"峇峇、娘惹"博物馆中的一件娘惹新娘回娘家长衫藏品，年代在19世纪末20世纪初，浅粉色的真丝长衫，衣身上绣满各种吉祥图案，

图 6-2-9　槟城娘惹新娘回娘家长衫　　　　　　图 6-2-10　马六甲、新加坡娘惹新娘回娘家长衫

有向上生长的兰花、菊花、荷花，开屏的孔雀；下摆和袖口绣有层层波浪，各类图案呈对称式布局。浅绿松石滚边和兔毛饰边环绕颈部，一直沿门襟向下延续到袖口及下摆，形成服饰的统一和谐。

图 6-2-10 所示为马六甲、新加坡娘惹新娘回娘家所穿的长衫，和槟城娘惹新娘回娘家长衫比较，装饰相对简单，更无兔毛装饰，多用粉红色提花丝绸面料制作。

## 第三节　峇峇新郎礼服的形制与特征

身为新郎的"峇峇"，在婚礼举办期间需穿上家中娘惹长辈或姻亲为其特意缝制的新郎礼服。新郎礼服多采用中国婚庆的大红色、传统官袍的紫色，以及象征马来西亚吉祥的绿色、华丽的金色为主要装饰色彩，婚服中多装饰寓意富贵祥和的鸳鸯、海水、牡丹、兰花等纹样。纹样循环往复，多呈对称分布。峇峇的传统婚礼服样式主要有：身穿官袍或长衫，头戴瓜皮帽或戏曲中秀才所戴样式的帽子，脚穿珠绣鞋。

## 一、官袍

"峇峇"新郎的传统婚礼服装也极具中国传统特色，样式多为明清时期的官袍形制，以金色或银色线缝制而成。"峇峇"新郎婚礼服装选择官服样式的原因，一方面官服就是中国民间新郎的礼服样式之一，另一方面是因为官员在中国封建制度中属于贵族阶层，官袍原料多为精良的丝绸，加之复杂的面料织造工艺，对海外华人来说获得非常困难，婚礼中穿着更显其弥足珍贵。穿着官袍形制的婚服，既是对富贵的向往，又是在当地殷实家境背景的展示。为了美好的寓意和祝福，峇峇官袍形制的婚服上也绣有大量吉祥图案，以祝福新婚夫妇好运和婚姻幸福。

如图6-3-1所示，这是一件收藏于新加坡土生华人博物馆中的峇峇新郎官袍婚礼服，这件礼服并不是真正的官袍，而是对官袍的形制样式的模仿，对襟的长袍、大袖与胸前的补子面积比例非常夸大，图案纹样承袭官服补子的样式，但仍与真正的补子图案相差较大，衣领为立领，珠绣假领装饰在衣领外，同时搭配官靴。

图6-3-2所示的这套新郎装是清代至民国时期的官袍形制改良款，整体风格富贵华丽且具有东南亚色系搭配的特征。上衣紫色主要源于中国古代对颜色的定义并与官服制度密切相关，下装的绿色不仅受到马来西亚当地色系习惯所影响，更重要的仍是源于中国传统官服色彩体系。中国古代把颜色分为正色和间色两种，正色是指青、赤、黄、白、黑5种纯正的颜色，间色是指绀（红青色）、红（浅红色）、缥（淡青色）、紫、流黄（褐黄色）5种正色混合而成的颜色。正色和间色成为明贵贱、辨等级的工具，丝毫不得混用，

图6-3-1 峇峇新郎官袍婚礼服（右）

图6-3-2 "峇峇"的新郎装

比如孔子曾说"红紫不以为亵服"[1]，即不能用红色或者紫色的布做家居时的便服。以唐代为例，三品以上穿紫色官服，四品着深绯色，五品着浅绯色，六品着深绿色，七品着浅绿色，八品着深青色，九品着浅青色。由此可见"峇峇"的新郎装不管从形制还是色系选择上来说，都极大地受到中国传统官服制服的影响，并与当地文化融会贯通形成新的色彩搭配。

用金色绣花线在紫褂上绣满各种花鸟，金线鸳鸯为主图，象征着一夫一妻制的忠诚和恩爱。面料为紫罗兰色丝绸，是明清朝廷七品文官的尊贵标志和颜色，紫褂上装饰着金色的牡丹和舞动的飞鸟，紫褂下部镶有三层海浪纹样。在中国古人的观念中把水作为财富的象征，水的"源源不断"寓意财富绵绵不绝。水纹除了代表财富，也代表着名利来、寿命长、讼解、争消、疑释、病愈等多种美好寓意。袖子上以金丝线绣着牡丹枝头上的喜鹊，"喜上眉梢"寓意着喜事将近，象征着幸福和财富。长袖饰以雄鸡，作为男性的象征，表示真诚和诚实。间隙处绣有兰花纹样，兰花自古以来是中国文人的最爱，象征着正直、高贵和友谊，这些都是表达对新郎的美好祝愿。

## 二、长衫

"峇峇"的长衫款式一般为蓝色或绿色系，多在婚礼的第3天或第12天穿着。如图6-3-3，这是一件靛蓝锦缎长衫，金线绣着牡丹、木兰、梅花等众多吉祥花散布在长衫表面，百花齐放寓意着"百福万富"的祝福。长衫以华贵的靛蓝丝绸制成，圆形领口。

## 三、珠绣鞋

在"峇峇、娘惹"的婚俗中有一项重要的习俗是"娘惹"需为"峇峇"缝制一双珠绣鞋，并让峇峇在婚礼中穿着。婚鞋沿袭了中国传统重奢华讲精致的原则，多采用金银线刺绣或编织，与传统中式婚鞋不同的是，"峇峇"婚鞋受东南亚湿热天气的影响，改良

① 刘胜利译：《论语》，北京：中华书局，2006年。

图 6-3-3　靛蓝锦缎长衫及细节图

为更适合该环境穿着的拖鞋形制。珠绣鞋作为两家人正式交换结婚礼物的一部分，有着物质价值和礼仪性的象征，"娘惹"在婚前问得"峇峇"的鞋码，并在咨询女族长和一众姑姑的意见后，选择吉祥图案来装饰"峇峇"的婚鞋。通常珠绣拖鞋放在覆盖丝绸的漆盘上，被新娘随行人员送去作为传统的结婚礼物。

### 四、竹衣

由于东南亚地区多为热带雨林和热带季风气候，高温多雨，峇峇会在结婚礼服下穿着竹衣（竹背心）作为汗衫。竹线与竹线间的空隙在厚重的新郎服装下提供了让空气流通的功能，有助于保护丝质服装免受汗水和身体油脂的侵害，也提高了穿着舒适度。竹背心（teik snah）由细细的单圆柱竹轴制成，将竹制成线状然后编织成背心形制，边缘以棉布或亚麻材质来锁边定型，门襟处用红色绳来

图6-3-4　竹背心

系带穿着。如图6-3-4所示，这件透气的无袖竹背心套在白色长袖
内衣和马褂下面穿。类似这样的竹衣娘惹也有穿着。

### 五、瓜皮帽

　　"峇峇"在婚礼中会佩戴瓜皮帽。瓜皮帽又称六合一统帽、六
合帽、六合巾、小帽、西瓜帽、瓜壳帽、瓜拉冠、秋帽、困秋等，
因其由六块黑缎子或绒布等连缀制成，底边镶一条一寸多宽的小
檐，形状如半个西瓜皮，故得名。瓜皮帽形成于明朝，流行于明、
清及民国时期。明初，由明太祖朱元璋推行全国，不仅饱含着"天
下一统"的政治寓意，更是起到了身份标识的作用。《明史·舆服
志》："（洪武）六年令……（庶人）帽，不得用顶，帽珠止许水晶、
香木。"[1] 随着资本主义萌芽的产生，明代中晚期，瓜皮帽由帽珠
和帽身的材质作为评判标准，区分佩戴者的身份地位或富裕程度，

① （清）张廷玉：《明史·舆服志》
　　卷六十七，北京：中华书局，
　　1974年，第1649页。

一些无阶级地位的富商巨贾往往在瓜皮帽的装饰材质上选择贵重的帽正、帽珠作为身份的标志。因此，"峇峇"在婚礼中佩戴瓜皮帽可视为受中国传统文化影响的一种表现。

### 六、其他配饰

除此之外，"峇峇"在新郎装中会用银色、金色腰带或串珠腰带用来固定裤子，这条腰带上别有一个钱袋，钱袋里有一笔象征性的钱，以确保新婚夫妇的钱包不会空，寓意日后的日子能够富贵。作为一个孝顺的儿子和懂事的女婿，"峇峇"在婚礼上必须跪在长辈面前恭敬地为他们侍奉龙岩红枣茶，因此绣花护膝也是一个重要的新郎装配件，通常由家中女性或未来妻子特别缝制。

# 第七章

# 多元的"峇峇、娘惹"服装配饰

## 第一节 "峇峇、娘惹"配饰

### 一、配饰常见种类

"峇峇、娘惹"都有量身定做珠宝首饰等配饰的习惯，因此很多首饰无论在外观设计还是实用功能上都独具风格。"峇峇、娘惹"文化与南洋其他区域文化交汇融合的痕迹也反映在他们的珠宝首饰设计以及制作工艺上，这与当时"峇峇、娘惹"族群的社交往来、商业贸易、珠宝工匠商人的影响都息息相关，珠宝首饰也被视作衡量"峇峇、娘惹"家族财富与社会地位的指标。

如今"峇峇、娘惹"的首饰风格大多传承自19世纪中晚期至20世纪早期这个时期，更早期的珠宝由于流传下来的寥寥无几，只能通过仅存的家族祖传珠宝、肖像画以及口头描述略窥一二。早期"峇峇、娘惹"珠宝的特点是简单、实用，因为黄金、白银等贵金属均可回收再熔化，故可以根据需求改变，或是制备嫁妆的时候将手头的首饰加以翻新，这样比购置新的更为经济实惠。能将旧款首饰一直作为传家宝留存下来的家庭只是少数，因而早期首饰流传其少。

在19世纪晚期，"峇峇、娘惹"家族积累了惊人的财富。直接反映到配饰上就可以看到镶嵌的钻石更为大颗惹眼，有些家庭还会使用纯金制品取代原先银质的腰带、带扣、钥匙圈和脚镯等。此外，由于受到欧洲首饰的影响以及锡兰珠宝工匠的出现，这一阶段制作的珠宝既带有欧洲色彩又融合了斯里兰卡珠宝匠的工艺与技术，成为"峇峇、娘惹"首饰中的精品。

常见的娘惹首饰类型有发簪、耳环、项链、胸针、腕饰等，娘惹的首饰体量都比较大；峇峇作为男性，日常佩戴珠宝首饰较少，他们的配饰主要有胸针、领带夹、手表、腰带等。到了节日盛典，尤其在人生大事的婚礼仪式上，"峇峇、娘惹"都会佩戴精美华丽的珠宝配饰（图7-1-1）。

图 7-1-1　娘惹配饰

## 二、日常配饰典型样式与特征

娘惹服装非常注重配饰，早期的娘惹配饰比较简单且以实用为主，后期日趋隆重而华美。娘惹首饰的风格、样式、工艺吸收融合各个国家和地区文化于一身，自成一派。娘惹日常搭配的配饰比较简约，出席重要场合时则比较隆重，尤其是在婚礼时娘惹的配饰最为华丽、隆重。丧礼期间则佩戴银质镶嵌珍珠的首饰，珍珠象征着眼泪，整体风格较为肃穆。娘惹日常佩戴的珠宝首饰等配饰细致讲究，有胸针、发簪、腰带、项链、耳饰、腕饰、脚饰、戒指、纽扣、坤包等数种。首饰材料多选择贵金属（金、银），尤其钟爱黄金与钻石的组合。常用图案题材既有中国传统纹样（凤凰、牡丹、八仙等），也有马来文化、西方文化元素风格的图案。

### （一）胸针

在 20 世纪早期，家境富裕的娘惹至少拥有一套娘惹胸针（"kerosang"），kerosang 是马来语，意思是胸针或三枚成套的胸针。娘惹胸针作为娘惹上装中不可缺少的配饰，既有扣合服装前门襟的实用性，又构成了娘惹装的视觉中心点，具有极强的装饰性。娘惹胸针作为娘惹身上最为惹眼的饰品，通常由黄金制作而成，并镶嵌有璀璨的钻石，极为华丽精美。娘惹胸针通常三个为一组，纵向一字排列固定在上衣前面，款式造型多选择植物花草纹样，其中既有中式的吉祥图案、花鸟昆虫，也有欧式设计和以英文字母为造型的图案，从中可以窥见当时娘惹对珠宝首饰的品位及其演变过程。娘惹们往往会在婚礼和生日庆典等重要场合，戴上自己最贵重的珠宝首饰，以此显示家族财富的丰厚。很多富裕人家的娘惹就是因为身上的胸针给人留下了深刻的印象。即使到了现在，上了年纪的老娘惹们还会对过去哪户人家拥有独特的胸针津津乐道。在20世纪早期之前，娘惹普遍穿着娘惹长衫，胸针作为固定外衣的扣具与上衣相适配，因而体量较大。到了20世纪早期，随着年轻娘惹纷纷改穿短款修身的"可巴雅"后，胸针的尺寸也随之变小。这些较小的胸针黄金用量变少，镶嵌其上的玫瑰形切割钻石（"intan"）的大小和等级均相对逊色，这一变化与衣着款式的改变相伴而生，也极有可能与"峇峇、娘惹"族群财富减少有关。如今整套的娘惹胸针已经越来越罕见，有些在经济困难时被出售变现，有些被熔化重铸，还有一些被拆成单个胸针分配给后代。

娘惹胸针的款式各异，类型有链子胸针（"kerosang rantay"）、倾斜型胸针（"kerosang serong"）、混合式胸针、扣子胸针（"kerosang pin"）、威尔斯亲王胸针等，其中既有中式特征鲜明的马六甲胸针（"kerosang melaka"），也有受到欧洲文化影响的星形胸针（"kerosang bintang"）。

1. 马来样式的"一母两子"式胸针

在众多娘惹胸针样式中，"一母两子"式最具特色。图7-1-2是一套三枚别针组成的胸针套装，扣具结构类似于中世纪或17、18世纪凯尔特人金属别针，先将胸针正面部分单独制作，而后在背面组装螺丝固定连接别针。从目前留存下来的娘惹胸针来看，年代最早的可追溯到19世纪，其造型与当时马来妇女佩戴的饰品极为相似，因而推测这种胸针组合起源于马来服饰文化。"一母两子"式胸针具体样式如下：一个胸针寓意母亲，被称为"ibu"，体量较大且装饰更华美精致，象征娘惹与父母之间亲情的纽带，余下两个为样式相同的圆形胸针，意指孩子（"anak"）。

"一母两子"式胸针有诸多变体，如倾斜式胸针，这种款式最初在槟城娘惹间流行，后来逐渐扩大影响，成为广泛流传的娘惹胸针款式，多使用玫瑰式切割宝石或钻石进行装饰，有些镶嵌有红宝石、石榴石或其他彩色宝石，周围环绕着钻石，构成佩斯利涡纹图案。在倾斜式胸针的形制中，母亲胸针"ibu"造型宛如桃子或者是佩斯利涡纹，佩戴时，第一个桃形胸针的尖端向下、向左倾斜，指向佩戴者心脏。这种款式的胸针套装多为已婚妇女佩戴，而未婚娘惹则喜欢佩戴三个等大且相互连接的胸针，即圆形"一母两子"式胸针（"kerosang ee"），亦叫作扣子胸针。这种胸针套装由三枚独立开来又大小设计完全相同的胸针组成，材质和佩戴位置基本与已婚者相同，如图7-1-3所示。

马六甲胸针更具中式元素，形制由上下两枚圆环形的小胸针以及中间的母亲胸针"ibu"组成，母亲胸针个头较大，常以禽鸟、佛手或者昆虫为造型，这些物品代表兴旺和富足，深受"峇峇、娘惹"的喜爱。

在胸针的别针之间加上链条相连接，便成了链子胸针，如图7-1-4所示，"rantay"即"峇峇"马来语中"链子"的意思，以此保证即便有单个别针从衣襟上松开也不会有丢失。链子胸针的链条通常是花朵、锯齿叶片或羽毛的形状，串联起来的三枚胸针都很大，这种胸针款式处于娘惹长衫大胸针转变为短款上衣"可巴雅"小胸针的中间过渡阶段。

除此以外，还有混合式的"一母两子"胸针，结合了倾斜式胸针和星形胸针的特点，其中一枚为佩斯利涡纹形（又称火腿花形）或心形，余下两枚为星形，装饰性极强。

2. 受欧洲文化影响的星形胸针

不只是娘惹会佩戴制作精美的胸针来装点自己，峇峇们也有自己的胸针配饰。在19世纪，星形图案的胸针在欧洲非常普遍。"峇峇、娘惹"族群对星形图形的偏爱很大程度上是受到欧洲的影响，

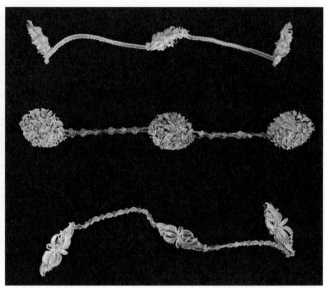

图 7-1-2　马来样式的"一母两子"式胸针　　图 7-1-3　未婚娘惹所佩戴的胸针　　图 7-1-4　链子胸针

使得该图案在首饰当中盛行起来。

星形胸针常见在峇峇婚礼服装中，在传统婚礼的第 12 天和 30 天，峇峇中式婚服马褂之上就会别着一枚星形胸针，新郎的母亲会将自己的胸针借给儿子当作帽徽使用，以此搭配他的中式婚服。在日常生活中，峇峇们在礼节上也沿袭欧洲贵族们佩戴纹章和徽章的传统，会在西装翻领上别着星形胸针。

（二）"丘丘克"发簪

"丘丘克"发簪是已婚娘惹特有发式——"丘丘克"发髻的配饰，先盘发成结，再由几个长短不同的"丘丘克"发簪插入已固定在头顶的发髻上。"丘丘克"发簪整体呈长锥形，既有简单的光面造型，也有在顶端镶嵌钻石的奢华款式。娘惹们通常有几套"丘丘克"发簪，作为日常使用的发簪装饰，相对比较简洁，光面造型或者只有微小的装饰，而隆重场合佩戴的发簪则装饰复杂且华丽。

槟城和马六甲两地的"丘丘克"发簪在细节上略有不同，生活在马六甲和新加坡的娘惹们会佩戴3枚一套的发簪，最长的发簪装饰最繁复，会镶嵌有钻石或翡翠，从顶部插入发髻，两支较短较小的发簪形状如挖耳勺 "korak kuping"，横插于发髻底部，如图7-1-5所示。而槟城和马来西亚北部的娘惹佩戴的发簪每套可以是5、6或者7枚，每一枚样式相同，长短渐次递增，顶端通常做成花朵的形状，戴在头上时看起来像王冠，如图7-1-6所示。

　　按照华人传统习俗，披散头发是不礼貌和不吉利的事情，因此年轻的娘惹新娘绝不能在婆婆面前取下发簪和松开头发，否则婆媳之间将难以相处，盘发髻自然也就成了娘惹的必修功课。不同件数和尺寸的"丘丘克"发簪满足了不同场合的需要，一位娘惹可能会有几套"丘丘克"发簪以便用于生活中不同的场合与不同年龄段。例如在少女阶段，会使用更小、更短款式的"丘丘克"发簪套装；而到了成人后，她浓密的头发需要更多的发簪来固定发髻；伴随着年龄进一步增长，头发逐渐减少，她将又不再需要这么多的长款发簪。日常打扮的时候，会使用一套表面装饰有简单小颗粒的镀金、银质或纯金发簪。富家女们更偏好有精致花纹和钻石镶嵌的"丘丘克"发簪。

图7-1-5　马六甲"丘丘克"发簪

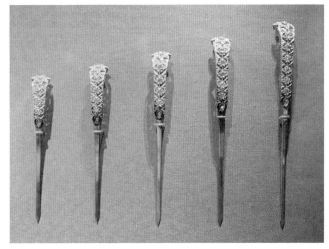

图7-1-6　槟城"丘丘克"发簪

图7-1-7　峇峇腰带

### （三）腰带

通常来说，身为男性的峇峇较少佩戴首饰，即使有佩戴也多为搭配绅士西装的手表、纽扣、领带夹等小件简单饰物，他的娘惹妻子身上的珠宝才是彰显家族财富多寡与社会地位高低的标志。不过金银腰带是个例外，峇峇的腰带（"tali pinggang"）比娘惹的更为奢华繁复，这种体量庞大的腰带常常与重工制作的织金锦搭配出现，橄榄形的扣具起源于印度尼西亚，并在纹样制作中融合了阿拉伯式卷草纹与中式风格，如图7-1-7所示。

峇峇腰带厚重大气，以金制的板块为基础加之连接链或金属环组合而成。娘惹腰带细腻精巧，最吸引眼球的主板块就是腰带扣的部分，使用镂空、錾刻、累丝等复合工艺，还会镶嵌红宝石、钻石等进一步增强装饰效果，如图7-1-8所示。黄金是"峇峇、娘惹"腰带的主要材质，其次是白银，装饰图案有伊斯兰文化的图案、本土民族传统文化图案，更多的是龙凤、麒麟、牡丹等典型的中式吉祥纹样，也有将"福、禄、寿、喜"等汉字直接运用到腰带上的，体现出"峇峇、娘惹"对幸福美满生活的期盼。

### （四）项链与耳饰

娘惹和峇峇都会佩戴项链，娘惹较喜欢同时戴多条项链，如图7-1-9所示。在"峇峇、娘惹"家庭合影中，都可以看到娘惹在身穿结婚礼服或娘惹长衫时，脖子上缀以数条项链。项链几乎全用黄金制作，通常向当地华人或其他族群的金匠购买而得，因此款式并非土生族群所独有。在娘惹耳环与项链中都体现出"一物多用"、善于巧妙变通的生活智慧，为了让珍贵的宝石得到充分利用，娘惹们在打造首饰时会选用可以螺旋的耳针，通过旋转将上面的饰物拆卸下来当作挂坠或戒指使用，花式项链也可以拆分成单独的部分，转化为手链、胸针甚至是头饰佩戴。

按照"峇峇、娘惹"的传统，娘惹少女时期到了10岁就会开始穿耳洞、戴耳钉，一种为了防止耳洞闭合的简单款耳针就是为这个时期准备的，被称为"初学者耳钉"。随着女孩子们年龄渐长，便开始佩戴更为华丽精美的耳饰了。自然主义和浪漫主义的设计风格在耳环、项链上体现得淋漓尽致，大量的花卉、卷草图案被应用在耳饰中，星形、枝形、郁金香形、流苏形的耳饰以及项链明显受到欧洲风格影响，其中又不乏蜜蜂、蝴蝶、花鸟等寓意人丁兴旺、幸福美满的吉祥图案。这些饰品在婚礼中能搭配西式婚纱，和娘惹长衫或旗袍一起穿戴也相得益彰。

图7-1-8　娘惹腰带

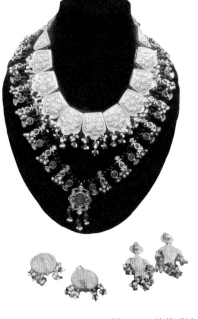

图7-1-9　娘惹项链

（五）腕饰和脚饰

娘惹腕饰由手镯（链）脚镯（链）组成，皆为成双成对佩戴，有时娘惹还会在每条胳膊上同时戴好几对镯子。早期的娘惹们佩戴一种名为"扭镯"的款式，制作起来就是将金属丝扭成一个圈，首尾端做简单的扣合形成镯子造型。在马来地区，其他族群的女子也有佩戴这种手镯的，到了后期，"扭镯"逐渐被做工更加精致烦琐的腕饰所取代，在基础工艺上添加镂空、镶嵌宝石等装饰，富贵人家的娘惹会将扭镯当作日常穿着的搭配，并在更加隆重正式的场合佩戴华丽的镶钻镯子。这些镯子上不乏中式手镯的装饰图案，如莲花、竹节、麒麟等，也有将镯子表面做成棱形状的凸起刻面，来仿照马来西亚蛇皮果的果皮质感的。镯子开口部分常见有莲花、荷叶相扣合，花草枝叶相互交缠蔓延在镯子之上，莲花在这里象征着纯洁和美丽，亦代表夫妻婚姻和谐美满，如图7-1-10所示。

除了手腕上佩戴精致的装饰品，娘惹们的脚腕上也有相应成对的脚镯来平衡身上丰富的装饰，偶尔坐下或走动时，能在丝绸袍子的裙摆下瞥见一对脚镯，更具整体美感。粗重的金脚镯环绕在娘惹纤细的脚踝上，更衬托出纤纤玉足的柔美优雅，如图7-1-11所示。脚镯不仅可以和娘惹传统服装进行搭配，在穿着时尚的西式皮鞋、长筒袜时也相得益彰。小孩子也有属于自己的小号脚镯，通常还会配有铃铛，所到之处都会发出可爱的叮当声。

图7-1-10　娘惹手镯　　　　图7-1-11　娘惹脚镯

图7-1-12　娘惹戒指

## （六）戒指和纽扣

"峇峇、娘惹"都有佩戴戒指的习惯，其中最常见的是黄金戒指，但也有因经济能力的原因选择购买掺黄金的合金戒指或者银戒指的。传统上娘惹至少会选一枚戒指点缀自己的双手，如图7-1-12所示。新人也有在婚礼上交换戒指的习俗，但与西式社交礼仪不同的是，要判断娘惹是否已婚并不是看她手上是否戴有婚戒，而是看她发髻上头花的插法。

"峇峇、娘惹"衣服上的纽扣也被归类为珠宝首饰。娘惹使用的扣子通常缝在内衣上，所以大都比较隐蔽。这么做的原因可能是有些娘惹内衣可一物多用。特别是槟城娘惹所穿的一种样式保守的白色棉质衬衫（"baju dalam"），平时也可以当作居家穿着的休闲服。衬衫上有五个配套的纽扣和两个领扣，各用一条链子相连。这样如果有人到娘惹家中做客，可以看到这些珠宝纽扣。当时，普遍的做法是把欧洲铸造的金币稍做修改，在上面加一个环或闩当作纽扣使用。与英国人往来密切的峇峇绅士们不断吸取英国文化，并沿袭英国人的服饰风格，他们在上班时穿着一种用纽扣闭合前襟的白色英式外套，外套上的金属扣比娘惹纽扣更大，造型为简单的凸面圆形。

### （七）坤包

娘惹所使用的金属坤包外形仿造维多利亚时期（1837—1901）英国女士所用的银质坤包，酷似锁子甲的样式，如图7-1-13所示。此类娘惹坤包大多以黄金、白银为材料，供娘惹淑女们出门携带。坤包一般在过年时用来盛放给小孩发压岁钱的红包。直到如今很多侨民都还记得，当年祖母把新年红包装在坤包里、红纸若隐若现透出坤包网眼的情景。

## 三、贺新生（满月）首饰类型与特征

富有的"峇峇、娘惹"家族注重新生，亲戚朋友多会赠送黄金首饰给新生儿，作为庆祝满月的贺礼。由于黄金是吉祥的颜色，适合表达对新生儿的祝福，因此首饰以黄金或银镶金为主。新生儿们收到的来自亲戚赠送的金饰中饱含着对孩子的美好祝福。佩戴护身符牌（"charms and talisman"）是为了保护孩子们远离邪祟的侵扰，这些护身符牌被包裹在金银底座中，有些会带有雕刻或凸起的图案纹饰。图7-1-14所示为新生儿护身符牌；一块精心制作的护身符牌往往是虎爪或鱼形的吊坠，二者都包裹着黄金。通常虎爪

图7-1-13 娘惹金属坤包

图7-1-14　新生儿护身符牌

图7-1-15　鱼形虎牙护身符

图7-1-16　金鱼玉佩护身符

图7-1-17　护身符挂坠

是送给男孩的，而金鱼玉佩是给女孩的，都有保护儿童免受邪祟侵扰、辟邪消灾的寓意，如图7-1-15至图7-1-17所示。

同时，对于"峇峇、娘惹"而言，传统的民间信仰仍然占据主导地位。当婴儿满月时，人们会向其赠送有吉祥神兽、标识或保护神的护身符。无论男孩还是女孩，都会佩戴这种护身符。土生社群儿童佩戴的珠宝还包括挂有铃铛的脚镯，其作用是让家里的大人知道小孩的动静。土生社群女孩在特殊场合佩戴的珠宝中，并非全部都是她本人专用，有些是由家里的女性长辈出借，供她们在出席重要场合时使用。除了有鱼形、虎爪、观音、关公等辟邪消灾功用的护身符，还有一种祖传的挂坠，在土生家族分家产时，这种挂坠会被拆开，人们在其背面装上一个小环佩戴。

### 四、婚礼首饰类型与特征

"峇峇、娘惹"的婚礼严格地承袭了华人祭祖与婚礼形式，婚礼作为一生中最为重大的盛宴，需要佩戴十足隆重的珠宝才能显出家族的气派。首饰主要集中在新娘身上，主要用于装饰头部以及颈部、胸部的位置，在所佩戴饰物及其具体形制上，马六甲与槟城新娘有不同之处。

娘惹新娘的头冠是其重要的配饰，在前文第六章的"凤冠云肩"中已经有所介绍。除了"凤冠云肩"，峇峇娘惹的传统婚礼中还会出现多链项链、"一母两子"胸针、戒指、峇峇帽徽以及金龙鱼挂坠的项链等首饰。多链项链是一种穿插连接着"金盘子"的项链款式，通常用于装饰娘惹新娘的胸衣。项链上的链条每隔一段距离就会与"金盘子"相连，这些"金盘子"是用凹凸纹或花丝盘金的工艺制作，细节极为精美华丽，这种工艺较为复杂，通常由锡兰（今斯里兰卡）珠宝商受雇设计制作这些首饰。娘惹多链项链款式形似印度–马来西亚多链项链，由三到五条花形链子与"金盘子"相连接，并且使用了掐丝、凹凸纹、花丝盘金的制作工艺。多链项链也同样与中国传统文化相结合，如图7-1-18所示。图7-1-19所示为将华人喜爱的蝴蝶和佛手纹样运用在多链项链中，也有受印欧和古中东影响的马来西亚风格的多链项链，连接"金盘子"的链条为小花链的形式，如图7-1-20所示。

婚礼场合，年幼的伴娘脖子上会戴着金龙鱼挂坠项链，这种项链由一条金镶玉的大龙鲤鱼挂坠作为主体，三条较小的金鲤鱼悬挂在大龙鲤鱼下面摆动。这种挂坠象征着婚礼这天新娘从女孩成为女人。在中国谚语里有句话叫"鲤鱼跃龙门"，这个寓言故事表达了通过科举考试需要付出的辛苦和努力以及金榜题名带来的成功，寓意勇气、毅力和成就，鲤鱼挂坠的吉祥寓意由此而来。关于金鲤鱼还有另一个说法，中国人相信一个人在一生之中会面临许多的障碍和危机，一个15岁的孩子大约已经克服了三成的困难，金鲤鱼代表孩子不断克服困难，在成人之路上迈步前进。

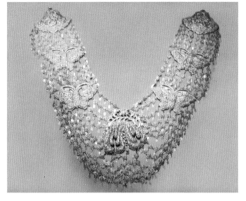

图1-18 与中国传统文化结合的 图7-1-19 蝴蝶和佛手装饰的娘惹多链项链 图7-1-20 小花装饰的娘惹多链项链
多链项链

图1-21 服丧期佩戴的珍珠首饰 图7-1-22 服丧期佩戴的翡翠首饰

### 五、丧葬期间首饰类型与特征

　　白银或"白"色的金属制成的首饰主要用于日常服丧期间，有些则是逝世者的陪葬物品。"峇峇、娘惹"一般服丧期为3年。为了追悼先人，他们于服丧期间穿着颜色比较暗沉的服装。为了配合丧事，注重仪容的娘惹们会以银饰和珍珠替代金和钻石。20世纪早期，财力雄厚的家庭会备置一些以白银为材质的首饰作为丧葬珠宝，很多娘惹会定制做工精细的丧葬胸针供自己使用，这些白银首饰的演变基本与黄金首饰同步。"峇峇、娘惹"的服丧首饰也是非常讲究的，在服丧期的第一年，他们主要戴珍珠制品，因为他们认为珍珠象征眼泪，如图7-1-21所示；当服丧期迈入第二年（也被称为"蓝色期"）时，他们通常会佩戴以蓝色宝石（如蓝宝石）为主的首饰；到了服丧期的最后一年（也被称为"绿色期"），他们则会以翡翠或祖母绿等绿色宝石作为主要首饰，如图7-1-22所示。

## 第二节 "峇峇、娘惹"首饰的纹样与材料工艺

融合多元是"峇峇、娘惹"首饰最大的特点，这一特点在首饰的纹样造型和材料工艺上体现得最为明显。"峇峇、娘惹"首饰在视觉上表现出了强烈的中国文化特征，同时兼具伊斯兰文化、马来文化、印尼文化、印度文化、波斯文化和西方文化等视觉符号特征。

### 一、融合多元的首饰纹样

"峇峇、娘惹"首饰在中国传统吉祥纹样基础上融合吸收各种文化。龙、凤凰、麒麟、蝴蝶和花卉图案等都是"峇峇、娘惹"最为喜爱和常用的纹样造型。龙纹、凤纹对于华人来说并不是简单的审美式装饰，而是具有图腾式的神圣含义的。在"峇峇、娘惹"族群中使用的龙纹、凤纹没有皇族宫廷纹样造型的威慑与华丽，而是带有浓郁的质朴气息和人情味儿。龙、凤纹样造型在保留原有形象的基础上更加夸张、抽象、概括、简洁，更加强调神性与灵气、象征与隐喻，如图7-2-1所示。

"峇峇、娘惹"的首饰中的麒麟、鹿、鹤等瑞兽纹样造型华丽、庄重，这些瑞兽原来多为具有一定等级的阶层才能使用的纹样。蝴蝶、蝉、蜘蛛等各种瑞兽纹样的使用则象征着多子多孙，寓意人丁兴旺、富足，是富裕的象征。对土生族群而言，吉祥的寓意是他们所期盼的，这也反映出"峇峇、娘惹"继承了来自父系华人对祥禽瑞兽的崇拜思想和审美观念，如图7-2-2所示。

图7-2-1 首饰的龙、凤纹样造型

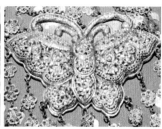

图7-2-2　麒麟、蝴蝶、蜘蛛纹样首饰

　　茂密的植物花卉纹样图案，会给人一种"圆满"的感觉，代表富足。丰满圆润造型的牡丹发钗，花瓣紧凑叠加、井然有序、富丽华贵，数量众多的牡丹发钗装饰头部，使得娘惹更加光彩夺目，如图7-2-3所示。除此之外，吉祥人物纹样甚至中式庭院纹样等也较常出现，如图7-2-4。娘惹出嫁时佩戴的发饰品，其花卉雕饰充满吉祥寓意，还有如孔雀开屏、鸳鸯戏水等纹样，都充满了吉祥寓意。至于贺寿的宴席上，则会看到松、鹤纹样的饰品，寓意"松鹤延年"，表达对老人长寿的祝福。尽管这些图案纹样因与在地多元文化融合，已经不再是中国原有风格，但它们依然是吉祥文化的代表。图7-2-5是一件峇峇的腰带扣，其样式造型是典型的伊斯兰风格，但中式造型的梅花、牡丹纹样适宜地嵌入在原有伊斯兰风格的结构中。

　　装饰花卉并非"峇峇、娘惹"族群饰品特有的风格，这在马来社会中也十分普遍，马来族主要信奉伊斯兰教，因此偏好非具象派艺术。

图7-2-3　牡丹纹样发钗

图7-2-4　中式庭院纹样发钗

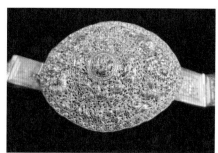

图7-2-5　峇峇腰带扣

20世纪早期，海峡殖民地的经济逐渐繁荣，"峇峇、娘惹"家族得以在英国的统治下从各项生意和投资中大获其利。西方文化成为他们羡慕和学习的对象，于是引入和借鉴了很多西方的装饰图案，比如英国皇室盾徽中的雄狮和独角兽图样。欧式叶状、花束状、蕨类植物状和英式花卉状图案等则是借鉴了维多利亚以及新艺术主义时期的欧洲花卉图案。

### 二、丰富多样的首饰材料

#### （一）"峇峇、娘惹"珠宝首饰中的金属材料

"峇峇、娘惹"珠宝首饰中最常用的金属材料是黄金和白银。金光闪闪是"峇峇、娘惹"族群首饰最大的特点，因此黄金是最受"峇峇、娘惹"青睐的。黄金作为人类梦寐以求的贵金属，也是土生华人所重视的珍宝，它具有稀缺性和永恒性，奢侈华美的外观也为黄金带来高昂的物质价值和社会价值。这种金属与荣耀、美丽和权势相等同，在每一种人类文化中都是极其珍贵的，且作为王国财富的象征，与一个文明的兴衰息息相关。黄金长久以来一直被用作祭神与献给君王的供奉，使得这道金光里的奢华富贵中又添了几分庄重与威严。因此，黄金是土生华人社群打造珠宝首饰时的首选金属。

"峇峇、娘惹"的珠宝首饰中最常用贵金属材料主要有：黄金、9k金（Suasa），黄金在此指的是纯度较高的金，"Suasa"是一种在19世纪和20世纪早期很普遍也很受欢迎的首饰材料。"Suasa"为马来语，是一种黄金和铜的合金，纯度为9k。24k纯金的黄金对于珠宝商来说过于柔软，他们将黄金与其他价格稍低的金属制作成合金，使其质地更坚硬、更有张力，以便进行加工塑形，并能更好地维持首饰设计之初的造型。古董珠宝里较为常见的是18k金与铜相混合，独具辨识度的外壳质感也被称作玫瑰金。娘惹们常挑选9k金制作腰带和首饰。此外，人们也会用银镀金首饰作为黄金首饰的替代品。一般而言，黄金和银镀金首饰的色泽偏黄，Suasa的颜色金中带红，是激励、喜庆的象征，适合在重要场合使用。

（二）"峇峇、娘惹"珠宝首饰中的宝石材料

1. 钻石

"峇峇、娘惹"们钟爱钻石，因为钻石不仅能与娘惹们色彩斑斓的衣着搭配相宜，更能彰显家族的财富与社会地位，所以"峇峇、娘惹"的珠宝首饰大都喜欢镶上钻石。而钻石的品质因为买主的经济能力不同而有所差异，顶级的钻石为晶莹剔透的无色厚钻。传统的钻石切割法有两种：一种是玫瑰型切割，还有一种是多面式切割。当时有一种颜色略带浅灰色的钻石，其名称叫"intan minyak"（字面意思为"油钻"），这种钻石散发一种如油墨般的幽暗色泽，且价格较为实惠。一般认为镶有玫瑰型切割钻石的首饰来自比较早的时期，而镶有多面式切割钻石的首饰则制于20世纪中叶。钻石的评估鉴定方面，土生社群的习惯看法和如今通行的标准有所不同。现在的人们大多看重钻石的切工、净度、克拉重量（大小）和色泽。但过去的土生社群一般认为，只有净度和克拉重量才是决定钻石等级的最重要因素。

2. 玉石

娘惹对玉的喜爱，源自华人对玉的情有独钟。中国哲学家孔子就曾说道："夫昔者君子比德于玉焉，温润而泽，仁也。"在中国成语中，玉用来形容高贵美丽的人或事物，代表着美好、优雅、纯净，如"玉洁冰清"指像冰那样清澈透明，像玉那样洁净无瑕；"亭亭玉立"形容女子身段优雅、姿态端正；"玉女"意为像玉一样温润的美女；"玉容"指美丽的脸庞。玉这种备受推崇的宝石不仅外观美丽，而且也象征着崇高的品德，自然成为"峇峇、娘惹"钟情的珍宝。

东南亚的缅甸仰光一直是绿色翡翠的主要产区，娘惹因此把绿色玉石称为"仰光石"。据一位年长的娘惹介绍，她的母亲在听取了家中广东仆人的建议后，才决定在胸针上镶嵌玉石。一般而言，镶有玉石的胸针并非娘惹最好的首饰，但能为她们的首饰盒增添一些变化和花样。不过，并非所有的绿色石质材料都是玉石。有些经

济不富裕的娘惹会用彩色钻石玻璃和染色的绿石英作为玉石的替代品。

### 3. 珍珠

根据"峇峇、娘惹"传统习俗，镶有珍珠的首饰主要用于服丧期间以及供逝者入殓时佩戴，有些则是逝世者的陪葬物品，但偶尔也会在日常生活中佩戴。一般来说，丧葬珠宝会用价格比较适中的珍珠母。但到了后期，富裕的家庭开始在首饰上镶上规格与品质均不俗的米粒珍珠。少数经济不富裕的人家会在首饰上缀以各种色泽的珍珠母，以代替价格较为昂贵的米粒珍珠。

除了珍珠、宝石之外，"峇峇、娘惹"的首饰有时也会采用兽角和贝壳等材料。

### 三、精湛的首饰工艺

"峇峇、娘惹"的珠宝首饰大多数均为中国工匠所制。他们制作珠宝的技法包括制粒法、金属铸造、敲花、雕花和金丝法等。"峇峇、娘惹"首饰制作工具如图7-2-6所示。其中以精雕细琢的透雕技法最为"峇峇、娘惹"所喜爱，因为这种技法使光线可以从每个角度照射镶在首饰上的钻石，让钻石的光芒散发得淋漓尽致。19世纪晚期至20世纪早期，较富裕的土生社群家庭也会请锡兰（斯里兰卡）的珠宝匠打造一些特别的款式，例如精美的胸针、手镯和项链等。锡兰珠宝匠最擅长的是黄金镶钻胸针，他们的黄金打磨手艺和钻石的镶嵌手法被认为是业内一流的。

### （一）中国的代表性工艺——花丝镶嵌点翠

峇峇、娘惹首饰中能见到不少中国特色的装饰工艺，其中最为典型的就是花丝镶嵌与点翠。花丝镶嵌工艺又称累丝镶嵌工艺，它与镶嵌工艺相辅相成，花丝为骨，镶嵌为饰，故称为花丝镶嵌。花丝选用金、银、铜为原料，采用掐、填、攒、焊、编织、堆垒等传统技法，并灵活集合了錾刻、镀金、点翠、镂空等其他工艺，镶嵌以锉、镂、捶、闷、打、崩、挤、镶等技法，将金属片做成托和爪

图 7-2-6  首饰制作工具

子形凹槽，再镶以珍珠、宝石，用料昂贵，做工繁复，备受宫廷达官贵胄们的推崇。花丝镶嵌技术在汉代已经成熟完善并不断发展创新，经过历朝历代的工匠推陈出新，直至明代进入繁荣鼎盛的阶段。在娘惹凤冠以及发簪等饰物上也常能见到花丝工艺的运用，结合以宝石镶嵌，使得整体艺术风格看上去更为富贵华丽。黄金是"峇峇、娘惹"家族首选的花丝材料，此外也可以用银或其他材料通过镀金的方式呈现出金色的效果。娘惹首饰中的花丝镶嵌既保留了中式特征，也与西方工艺相融合，最具特色的是加入了黄金镶钻的技法，在花丝累金的基础上结合以包镶、爪镶的珠宝镶嵌工艺用以固定钻石，配合以弹簧颤珠工艺，让钻石跟随佩戴者的步伐动态晃动，更显摇曳生姿。除了婚礼用的凤冠、花冠之外，在项链、丘丘克发簪、胸针等首饰中也可见花丝镶嵌工艺的运用，其花丝纹饰之中可见印度、欧洲、阿拉伯文化的影响，例如藤蔓卷草、星月等图案。

点翠常与花丝相伴出现，它是中国汉族传统金属工艺与羽毛工艺的完美结合，工匠们用金、银、铜或鎏金做成不同图案的底板，也有以纸胎为底，再把翠鸟鲜艳、亮丽的羽毛用明胶粘贴在底座上的。这种工艺烦琐且耗时，在宫廷头冠、钿子、簪钗上大量运用。娘惹婚服凤冠常常可以看到点翠工艺的踪迹，点翠工艺更多传承中国传统，不似花丝工艺在一定程度上受到了其他文化的影响，例如在造型上仍沿用花叶、鸟羽、祥云等传统形制。

### （二）锡兰（斯里兰卡）工艺——黄金及钻石镶嵌

锡兰是今天斯里兰卡的旧称，地处东西方海运交通的十字路口，是丝绸之路必经之地，丰富的宝石矿产资源拉动了贸易往来，同时也孕育出了高超的宝石加工工艺，尤其是宝石、钻石镶嵌工艺。宝石工匠们会用传统的热处理方法对原石的色泽进行改善和优化，仅用炭火、石膏粉、铜管等原始质朴的工具，保持烧制温度后再退火降温，使得彩色宝石的颜色更加饱满浓郁，经过这一手法处理的宝石身价也会得到更大的提升。对于钻石的处理则注重抛光和打磨，由于锡兰本土并没有钻石矿的产出，主要是将进口的钻石原石进行加工再出口，配合以黄金，9k、14k、18k金等贵金属进行镶嵌加工，制作出一件件精美的黄金镶钻首饰。

### （三）欧洲工艺——铸造及宝石镶嵌

由于受到英属殖民地的影响，伴随西方文化和西方着装观念的引入，"峇峇、娘惹"首饰在原有的基础上融入了更多的西方元素。大量欧式风格造型的胸针、别针、挂坠逐渐出现，搭配绅士西服的袖扣、领带夹等配饰也应运而生。在峇峇的绅士配饰中，不乏英镑硬币形的扣饰、英女皇头像挂坠以及钱币挂坠等，这些饰品之中可以发现不少欧洲珠宝制作工艺的运用，其中极为突出的是铸造以及宝石镶嵌工艺。在欧洲首饰发展史中，铸造工艺的历史最早可以追溯到美苏尔时期的金银铸造技术，经过不断的革新改良，直到现今也是首饰加工中重要的主流工艺。铸造工艺是将金属或合金加热熔化后浇铸到铸型空腔的模子中，待其冷却凝固了就能获得相对应的部件。采用这种方法制作首饰可以快速、准确地进行复制并批量生产，大大提高了生产效率。

《第八章》

# "峇峇、娘惹"服饰的现状与
# 数字化传播

## 第一节 "峇峇、娘惹"服饰的现状

　　笔者在东南亚田野考察中发现,今天的峇峇服装已经融合到当下的服装文化中,娘惹服装则一定程度上保留了其独特风貌。然而,娘惹传统服饰主要出现在节庆日或者婚、丧等重要礼仪场合,在日常生活中已经很少见到。此外,一些特定场所,如娘惹博物馆、娘惹文化餐馆等也可以见到当地女子穿着传统或经过改良的娘惹装,如图8-1-1所示,槟城娘惹博物馆的讲解员穿着的正是经过改良的现代娘惹装;另外东南亚当地市场仍然能够购买到改良版的娘惹"可巴雅",如图8-1-2所示,马六甲鸡场街上一家娘惹服装店正在售卖各式娘惹装。旅游市场中可以看到和购买到的现代娘惹服饰,多是新加坡、马六甲、槟城娘惹服饰款式的结合,基本以槟城娘惹服饰为主,通过大面积的刺绣强调服装的华美。现代娘惹服饰的材料、制作工艺等多为现代工业化生产。

　　娘惹文化在东南亚当地完全被认同,当地甚至把娘惹文化作为自己地区文化的一部分,在新加坡、马来西亚各大博物馆中都有关

图8-1-1　槟城娘惹博物馆中穿着娘惹装的讲解员

图8-1-2　马六甲鸡场街娘惹服装店

于娘惹文化的介绍说明。更让笔者惊讶的是，在马六甲苏丹王宫博物馆中介绍马来西亚13个联邦州代表服饰时，槟城州与马六甲州的代表服饰都是娘惹服饰，且博物馆将其作为当地的主打旅游资源开发推广。此外，笔者从与当地华人的接触交流中发现，当地华人因娘惹文化而骄傲，更因自己的中华血脉而自豪。今天的娘惹早已走出闺阁，参加各种展示活动，向世人展示自己的文化魅力。年轻一代的"峇峇、娘惹"开始追溯自己的文化，思考自己文化的归属和价值。

### 一、社群活动中的服饰

在"峇峇、娘惹"族群生活的地区有许多社团和公会，这些族群组织通过活动来推动"峇峇、娘惹"文化，如槟城的槟州华人公会[State Chinese（Penang）Association，SCPA]，每年都会举办峇峇礼仪知识讲座，"峇峇、娘惹"服饰也是这些社群活动的组成部分。

传统节日也是"峇峇、娘惹"服饰展现的时机，每年的农历新年、元宵节和中秋都会有庆典活动，这时娘惹们都会着娘惹装盛装出行。在槟城，农历正月十五这一天还有花车游行，穿着娘惹装的娘惹们雍容华贵地站在花车上，形成了一道亮丽的风景。

### 二、文化活动中的服饰

#### （一）"峇峇、娘惹"舞蹈、服装比赛

新加坡、马六甲和槟城还会举办一些"峇峇、娘惹"的舞蹈和服装比赛，给娘惹服装展示的平台。参赛者穿着娘惹服装，在舞台上尽情展现自己的风采。

#### （二）《小娘惹》电视剧

2008年版和2020年版的《小娘惹》电视剧都以娘惹文化为背景，播出后好评不断，引发热议。电视剧中对于"峇峇、娘惹"服装的还原度非常高，剧中娘惹服装的展现更是备受关注，极有助于

图 8-1-3　2008 年版《小娘惹》剧照（图片来自网络）

图 8-1-4　2020 年版《小娘惹》剧照（图片来自网络）

传播"峇峇、娘惹"历史文化。如图 8-1-3、图 8-1-4 分别是 2008
年版和 2020 年版《小娘惹》剧照。

### 三、生活场景中的服饰

在当下，娘惹文化已在东南亚得到深深的认同，娘惹服饰在许
多制服中被再设计和应用，图 8-1-5 所示为笔者在机场拍摄的新加
坡航空公司空姐的制服，它延续了"可巴雅"和蜡染"纱笼"的经
典元素，是法国著名女装设计师皮耶·巴尔曼（Pierre Balmain）于

图8-1-5　新加坡航空公司空姐制服

1968年为航空公司所设计。此外，新加坡总理夫人在诸多正式场合中也会穿着娘惹服饰风格的礼服。

## 第二节　"峇峇、娘惹"服饰的创新设计

"峇峇、娘惹"服饰的独特性、多样性特征，为现代艺术提供了丰富的可借鉴资源。"峇峇、娘惹"传统服饰在现代语境下的创新设计，主要可以从如下几个角度进行。

原型借鉴："峇峇、娘惹"服饰的服装样式、装饰图案、材料、工艺等，对于当下的设计都具有借鉴意义。

变化重组：将"峇峇、娘惹"服饰元素变化性地打破、重组，是现代设计的一种常用手法，其结果是既有传统文化的气韵，又有现代设计意味，符合当下人们的生活理念和审美。

综合运用：对多种设计手法进行综合运用，也可利用现代化数字手段，将"峇峇、娘惹"服饰的美尽数体现，并使之焕发出新的生命力。

笔者以海上丝路的"峇峇、娘惹"族群服饰作为研究背景，以大海的蓝色为主色调，为时尚职场女性设计了一系列女装产品，如图8-2-1至图8-2-3所示。因作品设计从海上丝路上最为重要的货品——丝绸的"丝"切入，故以"糸糸之水"为设计主题。

设计主题：糸糸之水

糸（mì），甲骨文象形字，本义：丝线、细丝。《说文》："糸，细丝也。象束丝之形。"古同"丝"。
本系列以"丝"为灵感来源，糸（细小的丝线）构成了美丽的丝绸，丝绸在古代是中国特有的材料，是中国的印记，是我们中国人的标签之一。

**色彩分析：**

本系列作品的色彩从中国人日常生活中提取，选取极具中国味的藏蓝、墨黑、藕粉、大红等颜色，整体配色以沉稳的藏蓝为基调，结合丰富的对比色彩，增加视觉冲击力，强化中式色彩语言。

藏蓝　墨黑　天蓝　米色　藕粉色　大红

图8-2-1　设计主题：糸糸之水

# 糸糸之水
## SILK OCEAN

图 8-2-2　设计效果图

服装设计作品
"糸糸之水"

图 8-2-3　实物作品

图8-2-4　装置作品《迹·忆》

图8-2-5　装置作品《迹·忆》展览现场

　　海外调研时，笔者在与海外华人"峇峇、娘惹"族群的接触和交流过程中，发现这一族群历史的深沉与苍凉，以及他们对中华文化的传承与坚持。尽管调研已经结束，但一个个身处海外仍心系中华的身影，依旧深深地印在笔者脑海里，因此完成了一组装置艺术作品《迹·忆》，如图8-2-4、图8-2-5所示。作品使用羊毛毡的湿毡法，加以手工染色，将海外华人族群最有感触的往来书信和对联融入其中，寓意华人无论身处何方，中国文化的痕迹和记忆都和我们的血相溶。

笔者还将对"峇峇、娘惹"服饰文化的研究带到设计教学中，一方面从内容和形式上让更多的年轻人认识这一文化，另一方面让学生从设计者的视角思考和学习如何从文化中汲取灵感，设计出符合当代人生活方式的作品。值得注意的是，现代感不等于"西方化"，照搬古董不等于"民族化"，我们要正视自己的文化，树立文化自信的同时领悟其内涵，用现代人的视角观察和思考，设计出符合当下的好作品。图8-2-6至图8-2-8是笔者指导学生郑玉婷完成的一组以"峇峇、娘惹"文化为设计灵感来源的作品《娘惹印象》。该作品运用综合设计手法，借鉴"峇峇、娘惹"代表性的色彩和常见的"凤穿牡丹"图案，变化重组形成了富有现代气息的新图案，并将图案运用到丝巾和箱包产品中。

图8-2-6 《娘惹印象》设计灵感

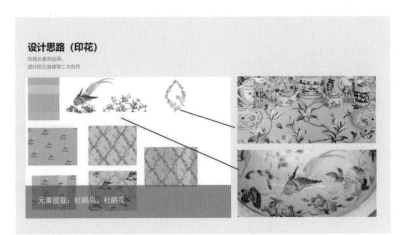

图 8-2-7 《娘惹印象》设计思路

图 8-2-8 《娘惹印象》设计作品

## 第三节 "峇峇、娘惹"服饰的数字化传播

### 一、传统服饰样式和技艺的数字化整理保存与虚拟再现

高精度的数字化图像技术与设备的出现，为遗产保护与存档技术提供了保障。具体到厦门珠绣工艺的数字化采集与存档，主要可以利用先进的二维、三维扫描技术，数字摄影技术，三维建模与图像处理技术等，结合"峇峇、娘惹"服饰的特点，对其进行动态和静态两方面数字图像的收集和整理。这主要包括：一是对"峇峇、娘惹"服饰传统样式、各种工艺手法和工艺流程采用高精度的数字相机进行拍摄，获取真实、完整、动态的数字化信息，后期一方面将这些信息作为资料归类存档，并形成数据资料，另一方面可以运用二维或三维动画技术对其进行多角度的模拟再现，使其工艺的展示更加清晰、明了；二是对其图案纹样进行二维扫描并分门别类，建立图案纹样的素材数据库；三是对其经典的工艺品和产品进行三维扫描，目前常用技术为用三维彩色扫描仪扫描和多角度拍摄照片获取数据，将获取的原始信息通过数字化手段整理为数据，或采用三维建模技术完成数字化复原。

数字化博物馆主要是运用虚拟现实技术、三维图形图像技术、计算机网络技术、立体显示系统、互动娱乐技术、特种视效技术，将现实存在的实体博物馆以三维立体的方式完整呈现于网络平台。在当下这样一个信息爆发的时代，数字化博物馆早已不是遥远的他乡。"近在眼前"的中国非物质文化遗产网就是一个数字化博物馆，大家可以在网站上查阅到中国各种非物质文化遗产的相关内容。在许多传统博物馆中也应用数字化的展示方式和手段，例如将展品的相关知识背景和内容以数字化形式展现在观众面前，甚至利用虚拟实景技术将人们直接带到虚拟的博物馆中遨游。

"峇峇、娘惹"服饰在数字化数据收集的基础上，可以将服饰从工艺技法与工艺流程到服装样式、图案纹样在网络世界中或是在现实世界中进行展示，甚至还可以进行互动互联的网上教学。数字

化虚拟博物馆受众面非常广泛，有助于更好地对"峇峇、娘惹"服饰这一非物质文化遗产进行传播。

"峇峇、娘惹"服饰的图案品种丰富，在对其进行数字化传播时，可以在图案数据库的基础上建立数字化辅助设计系统，将计算机辅助设计与人工智能技术相结合，建立一套有效的图案输入及图案生成、编辑、修改等功能的系统，可以对已有的典型图案进行创新设计，创造出既具有传统文化神韵，又符合当今时代审美的艺术作品和产品。

### 二、"峇峇、娘惹"故事数字绘本

数字化已成为我们生活的一部分，我们把当下的生活方式称为数字化生活方式。数字绘本已经成为今天人们的主要阅读产品之一，它因与读者可以有更好的交互性而备受关注。"峇峇、娘惹"服饰文化在今天的传播也应使用数字化故事绘本的方式。图8-3-1为笔者正在进行的数字绘本部分前期策划稿。

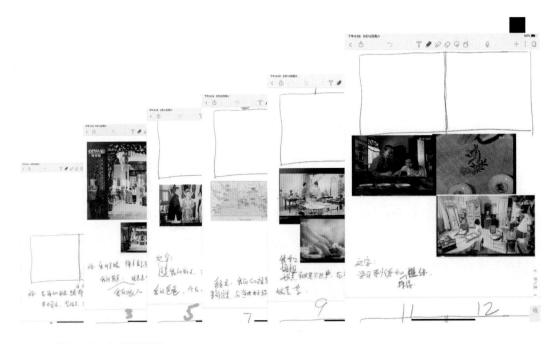

图 8-3-1　数字绘本部分前期策划稿

### 三、"峇峇、娘惹"数字化动画故事短片与游戏

文化遗产的传承发展已经是摆在所有人面前的课题，要发展传播文化遗产，首先要让大家了解它，进而喜欢上它。当下非物质文化遗产的传播途径相对单一，在世界大部分地区甚至只是口口相传的方式，既缺乏传统文字记录传播，又缺乏适合当代人读取的现代传播方法。

"峇峇、娘惹"服饰背后有许多动人的故事，例如中国人下南洋艰苦创业的故事、海外游子思乡的故事等，可以将这些故事用现代人讲故事的手段——通过数字影像、数字动画来阐述，用故事做外衣承载传统技艺的内核，用当下更快捷、更直观的传播方式对其加以展示和传播。此外，还可以将数字化故事编排与讲述技术（Virtual Storyteller）应用进来。这一技术是基于人工智能的一种虚拟环境，整合了音乐、诗歌、故事、戏曲等内容，兼具自动编排和导演故事情节的智能性与交互性，人们可以根据自己的需要和理解参与到创作中，在创作的源头上增加了故事与人的互动。

"峇峇、娘惹"服饰的传播方式还可以与游戏设计相结合。选择游戏这一年轻人喜闻乐见且易于接受的形式，将"峇峇、娘惹"服饰的文化和技艺植入进去，通过游戏体现服饰的文化魅力，例如游戏的情节可以设计相关故事；游戏场景设计与珠绣相结合；在游戏人物的设定上，从服装到配饰甚至是其他方面都可以将"峇峇、娘惹"服饰艺术糅合在其中，让青年一代在潜移默化中了解"峇峇、娘惹"服饰文化。图8-3-2所示为学生以厦门珠绣为灵感设计的一款APP软件，兼具娱乐性和应用性。

### 四、数字人物形象设计之娘惹典型形象

海上丝路繁荣的背后是数以千万计的中国海洋人，他们扬帆破浪参与并在一定时期内主导古代全球贸易。在两千年的海上丝路贸易中，华人华侨因各种原因散落在海上丝路沿线，并落地生根，在当地形成诸多"土生华人"族群，他们承认自己的华人血统，秉持

图 8-3-2　珠绣图案再设计 App

中国传统文化精神，"峇峇、娘惹"族群是其中最具代表性的族群之一。中国服饰承载着中国历史文化随着华人的帆影"出海"，并在他乡"开花"，"峇峇、娘惹"族群服饰这朵异域之"花"正是中国文化的"舶出"并在当地产生文化融合和再"外溢"的活态证明。

**（一）故事数字人物形象设计——小娘惹之日常形象**

数字故事绘本中小娘惹的日常形象以20世纪20、30年代未婚娘惹服装样式为蓝本，上衣为短小的娘惹"可巴雅"，下装通常搭配裹裙"纱笼"，脚着珠绣鞋。短款娘惹"可巴雅"精致、端庄、典雅，朦胧性感，又不失活泼灵动。服装整体造型短小、立体修身、左右对称、色彩鲜亮，大面积装饰刺绣镂空图案，如图8-3-3。笔者在视觉考证的基础上完成其形象设计，保留娘惹形象的视觉特征，如图8-3-4所示。

**（二）故事数字人物形象设计——小娘惹之婚礼服形象**

"峇峇、娘惹"的婚礼不仅在风俗礼仪上秉承中国传统，娘惹婚礼最为隆重的服装——婚礼第一天的嫁衣，更是同样继承中国"上衣下裳"的服装形制以及中国传统嫁衣的样式造型。娘惹的婚礼服整体风格隆重华丽，配饰金光闪闪，其款式类似于中国戏曲服装，可概括如下：头戴凤冠肩披云肩，上穿大襟衣衫，下着马面裙，脚穿珠绣鞋。色彩以大红色为主色，配以黄色，以华丽的金线刺绣为主要装饰手段，娘惹们身居海外不受中国等级制度、皇权的约束，故婚礼服中常用牡丹、凤凰、龙等"僭越"图案纹样，图案纹样布局讲究对称。娘惹的婚礼服除了精美的头饰、服装之外，还会佩戴象征财富的各种首饰，尤喜金首饰，这与中国闽南沿海地区婚礼中"重金"的风俗也不谋而合。如图8-3-5所示，其设计参照笔者实地考察获得的视觉图像资料，设计原稿如图8-3-6所示。

图8-3-3　短款娘惹"可巴雅"

图8-3-4　小娘惹之数字日常形象

图 8-3-5　小娘惹之数字婚礼服形象

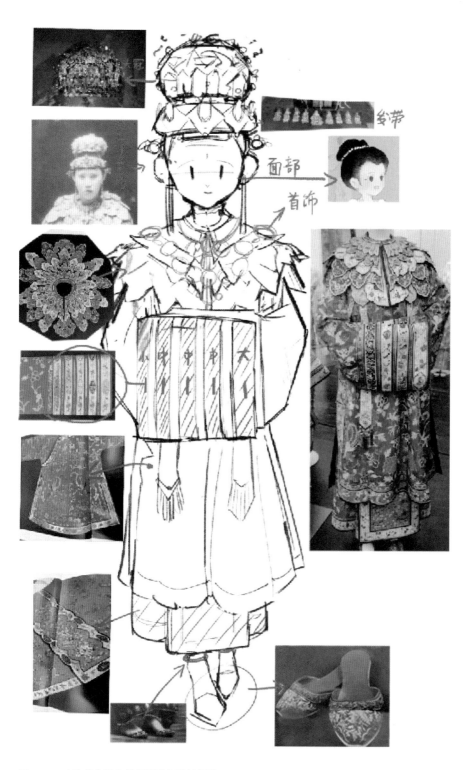

头带

面部

首饰

图 8-3-6　小娘惹之数字婚礼服形象设计原稿

图 8-3-8　小娘惹之数字"回娘家"礼服形象

（三）故事数字人物形象设计——小娘惹之回娘家礼服形象

　　婚礼第三天回娘家的礼服为精美的刺绣长衫，娘惹新娘头戴花冠，配以"纱笼"和珠绣鞋。长衫的色彩多为淡雅的粉红色，"纱笼"多为喜庆的大红色，面料多采用本地一种名为"宋吉"（"songket"）的布料，该布料又称金锦缎，外观华丽亮眼。如图8-3-8所示，其设计参照笔者实地考察获得的视觉图像资料，设计原稿如图8-3-9所示。

图8-3-9　小娘惹之数字回娘家礼服形象设计原稿

# 参考书目

## 一、中文文献

### 1.史料典籍

（春秋）孔子：《论语·为政篇》，北京：中华书局，2006年

（战国）荀子：《荀子·劝学篇》，长春：吉林出版集团有限责任公司，2013年

（汉）班固：《汉书》卷二十八《地理志》，北京：中华书局，1962年

（汉）许慎：《说文解字》，北京：九州出版社，2001年

（三国）何晏、邢昺：《论语注疏》，北京：中国致公出版社，2016年

（南朝宋）范晔：《后汉书》，北京：中华书局，2007年

（唐）李延寿：《南史》卷七十八·列传六十八，北京：中华书局，1975年

（唐）姚思廉：《梁书》卷五十四，北京：中华书局，1973年

（唐）义净、王邦维点校：《南海寄归内法传校注》卷二，北京：中华书局，1995年

（北宋）李昉：《太平御览·四夷部》卷九·南蛮四，北京：中华书局，2000年

（北宋）朱彧、李伟国点校：《萍洲可谈》，郑州：大象出版社，2006年

（南宋）周去非：《岭外代答》卷三十六·阇婆国篇，上海远东出版社，1996年

（元）汪大渊、苏继顾校释:《岛夷志略校释·龙牙门篇》，北京：中华书局，2000年

（明）马欢、万明校注：《瀛涯胜览》，广州：广东人民出版社，2018年

（明）巩珍：《西洋番国志·满剌伽国篇》，北京：中华书局，1961年

（明）宋濂、赵埙、王祎等：《元史》卷一十八，北京：中华书局，1976年

（明）《明实录》，北京：中华书局，1965年

（明）申时行：《明会典》卷一百零五，北京：中华书局，1989年

（明）王世懋：《闽部疏》，北京：中华书局，1985年

（明）刘若愚：《酌中志》，台北：伟文图书出版社有限公司，1971年

（明）张燮、谢方校注：《东西洋考》，北京：中华书局，2000年

（明）钱古训、江应樑点校：《百夷传校注》，昆明：云南人民出版社，1980年

（清）顾炎武、黄汝成集释、栾保群点校、吕宗力点校：《日知录集释：全校本》卷二十八·嘉靖太康县志篇，上海古籍出版社，2013年

（清）张廷玉：《明史》卷三百二十五，北京：中华书局，1974年

（清）陈昌治：《说文解字注》，南京：凤凰出版社，2015年

## 2.学术专著

许云樵译：《马来纪年》，新加坡：南洋报社有限公司，1965年

贺圣达：《东南亚文化发展史》，昆明：云南人民出版社，2011年

李恩涵：《东南亚华人史》，北京：东方出版社，2015年

张晓霞：《中国古代染织纹样史》，北京大学出版社，2016年

贾玺增：《中外服装史》，上海：东华大学出版社，2018年

高春明：《中国历代服饰艺术》，北京：中国青年出版社，2009年

顾凡颖：《历史的衣橱》，北京：同心出版社，2018年

周伟州：《丝绸之路大辞典》，西安：陕西人民出版社，2006年

天津市国际贸易学会：《国际经济贸易百科全书》，天津科技翻译出版公司，1991年

宋哲美：《马来西亚华人史》，香港：中华文化事业公司，1964年

云惟利：《新加坡社会和语言》，新加坡：南洋理工大学中华语言文化中心，1996年

唐慧、龚晓辉：《马来西亚文化概论》，北京：中国出版集团世界图书出版公司，2015年

周振鹤：《汉书地理志汇释》，合肥：安徽教育出版社，2006年

祁广谋：《东南亚概论》，广州：世界图书广东出版公司，2013年

福建省博物馆编：《福州南宋黄昇墓》，北京：文物出版社，1982年

梁二平：《海上丝绸之路2000年》，上海交通大学出版社，2016年

巫乐华：《华侨史概要》，北京：中国华侨出版社，1994年

李恩涵：《东南亚华人史》，北京：东方出版社，2015年

钱穆：《中国历史研究法》，北京：生活·读书·新知三联书店，2001年

华梅：《东方服饰研究》，北京：商务印书馆，2018年

黄辉：《中国历代服制服式》，南昌：江西美术出版社，2011年

华梅：《中国服装史》，北京：中国纺织出版社，2007年

华梅：《华梅看世界服饰NO.1：多元东南亚》，北京：中国时代经济出版社，2007

包铭新：《近代中国女装实录》，上海：东华大学出版社，2004年

李学勤、吕文郁：《四库大辞典·下》，长春：吉林大学出版社，1996年

[德]黑格尔：《历史哲学》，北京：生活·读书·新知三联书店，1956年

[英]马林诺夫斯基：《文化论》，北京：中国民间文艺出版社，1987年

[英]特伦斯·霍克斯：《结构主义和符号学》，上海译文出版社，1987年

[英]彼得·伯克：《图像证史》，北京大学出版社，2008年

[美]卡·恩伯（Ember.C.）、[美]梅·恩伯（Ember.M.）：《文化的变异：现代文化人类学通论》.沈阳：辽宁人民出版社，1988年

[澳]安东尼·瑞德：《东南亚的贸易时代1450–1680年第一卷：季风吹拂下的土地》，北京：商务印书馆，2013年

## 3. 期刊文章

庄国土：《论东南亚的华族》，载《世界民族》，2002年03期

江群慧：《滚边工艺及其在服装设计中的应用》，载《浙江纺织服装技术学院学报》，2012年01期

杨国桢、陈辰立：《历史与现实：海洋空间视域下的"海上丝绸之路"》，载《广东社会科学》，2018年02期

梁明柳、陆松：《峇峇娘惹：东南亚土生华人族群研究》，载《广西民族研究》，2010年01期

赖圆如：《从"可巴雅"（KEBAYA）谈印度尼西亚的服饰文化》，载《艺术设计研究》，2007年02期

梁燕：《马来西亚的女性服饰》，载《回族文学》，2010年01期

张伟萌、马芳：《基于CLO3D平台的汉服十字型结构探析》，载《丝绸》，

2021年02期

陈晓萍：《金苍绣地域特色研究》，载《泉州师范学院学报》，2018年01期

和洪勇：《明前期中国与东南亚国家的朝贡贸易》，载《云南社会科学》，2003年13期

张娅雯、崔荣荣：《东南亚娘惹服饰研究》，载《服饰导刊》，2014年03期

马阳：《峇峇娘惹服饰文化研究》，载《消费导刊》，2018年22期

袁燕：《"一带一路"视域下东南亚娘惹服饰典型样式特征研究》，载《东华大学学报》（社会科学版），2019年01期

袁燕：《海上丝路之东南亚娘惹长衫的样式特征研究》，载《装饰》，2019年12期

彭冬梅、潘鲁生、孙守迁：《数字化保护：非物质文化遗产保护的新手段》，载《美术研究》，2006年04期

李红梅：《明清马面裙的形制结构与制作工艺》，载《纺织导报》，2016年11期

帅民风：《因纱笼美而言说体性结构：东南亚美术现象研究（之七）》，载《美术大观》，2012年07期


## 4.学位论文

安丽哲：《从"遗产"中解读长角苗服饰文化》，中国艺术研究院，2007年

戴茹奕：《爪哇北岸的中国式蜡染研究》，中国美术学院，2008年

陈君伟：《马来西亚华族饰品的历史演变与特征》，中国地质大学（北京），2011年

李恩政：《东亚、南亚蜡防印花与中国蜡防印花的比较研究》，东华大学，2014年


## 其他

曹植勤：《马来西亚的"娘惹"文化》，载《南宁日报》,2007年9月4日（007）

## 二、外文文献

### 1.英文图书

Pigeaud, *Th. G. Th. Java in the Fourteenth Century. A Study in Cultural History, vol IV: Commentaries and Recapitulations*, The Hague: Nijihoff for KITLV, 1962.

Raffles, Thomas Stamford, *The History of Java, 2vols*. London：John Marray. ReprintedKualaLumpur, OUP, 1965, 1978.

Eredia, Manoel Godinho, *trans. J. V. Mills. Eredia's Description of Malacca, Meridional India,and Cathay*. MBRAS, 1631.

Lillian Tong, *Straits Chinese Gold Jewellery: The Private Collection of Peter Soon*, Penang: Pinang Peranakan Mansion Sdn Bhd, 2014.
Lillian Tong, *Straits Chinese Embroidery&Beadwork* , Penang: Pinang Peranakan Mansion Sdn Bhd, 2015.

### 2.英文论文

Zollinger, H, *The Island of Lombok*. Journal of the Indian Archipelago and Eastern Asia 5, 1847: p323–334.

# 后记

　　现在呈现给大家的这本书，是我海上丝路服饰文化研究的阶段性成果。这一研究起始于一次走马观花式的东南亚旅游，那本来是一次轻松地喝着茶聊天放松的文化之旅，却最终成为让我驻足在各大博物馆无法挪动脚步的惊艳之旅。我惊叹于海外华人族群对中国文化的执着，惊讶于海外中国服饰文化的魅力，惊艳于中国服饰文化在海外的独特性，你总能在诸多文化中一眼找出它的存在，更惊艳于它的生命力和包容性。随着研究的深入，我如同进入了一片浩瀚的海洋。中国服装艺术文化在海上丝路沿线的传播研究目前还处于起步阶段，尚有许多未解开的信息和密码，需要更多的研究者投身其中，我的研究算是抛砖引玉，期待更多同行能够参与进来，产出更多、更优的研究成果。

　　前期的实地考察研究我得到了国内外诸多朋友和老师的帮助，特别是新加坡金门会馆执行秘书长陈琦女士，她多次协助我完成对新加坡"峇峇、娘惹"族群的考察。同时在新加坡我还得到祖籍福建漳州的陈坤祥先生（庆德会会长，新加坡土生华人协会财务，第七代移民）、方耀明先生（新加坡河游轮公司总裁，金门会馆主席，新加坡宗乡会馆联合总会理事，新加坡福建会馆理事）的帮助，他们在我的考察过程中多次提供研究线索、带我们实地考察，并接受我们的采访，使我获得了珍贵的口述素材资料。

在新加坡考察期间，时任新加坡土生华人协会副会长、金珠娘惹之屋总裁兼首席设计师黄俊荣先生，耐心给我讲述他的"峇峇、娘惹"服饰研究、设计作品，将他的藏品给我们近距离接触观察，激发了我更多的思考。他于2019年受邀参加我校（福州大学）组织的国际学术研讨会议，与我分析他的最新研究成果，我得以借此机会与他对"峇峇、娘惹"服饰的诸多问题进行了更深入的研讨，这让我获益良多。

此外，还要感谢黄东平先生（印度尼西亚廖省及廖岛省金门会馆总主席）和郑培植先生（马来西亚厦门总商会会长）在我考察期间提供的信息和帮助。后期的实地考察调研，因受到全球疫情的影响而变得困难重重，许多研究不得不更多地参考图书资料，尤其是在第六、第七章撰写时，有一些图片和文字多有参照两位提供的图书：《海峡华人的刺绣和珠绣》（*Straits Chinese Embroidery & Beadwork*）、《海峡华人的黄金珠宝》（*Straits Chinese Gold Jewellery*），以及中国地质大学（北京）陈君伟撰写的硕士论文：《马来西亚华族饰品的历史演变与特征》。

在书稿撰写期间，也正是我在中央美术学院做访问学者的学习阶段，我也得到了导师吕越教授的专业指导，以及初枢昊和彭筠两位老师的理论指导。在中央美术学院的学习使我的服饰理论研究得到了很大提升，这都为我的"峇峇、娘惹"服饰研究提供了更为广阔的视野和支撑。还应感谢时任福州大学厦门工艺美术学院院长李超德教授，在工作和学术研究中一直鼓励和指引着我。

因应邀在学术研讨会议上发言，本书中的部分内容曾经过探讨。广州工业大学的卢新燕教授、四川美术学院的张国云教授、安徽农业大学的高山副教授、华侨大学的王苗辉副教授常常与我切磋交流，也令我深受启迪。书中的数字媒体方向研究得益于福州大学杨松副教授的大力协助。另外，我的研究生杨迎熺、何立炜、林俊杰三位同学，协助我完成书稿文字和图片的校对工作；研究生杨迎熺和周晓颖同学还协助完成了英文参考书的部分翻译工作。本书内容的研究方向为福建省社会科学规划项目，福州大学对我的研究也给了很大支持。在此对大家表示衷心的感谢与敬意。此外书中图片主要是由我本人拍摄，也引用了部分图片资料，其中一些未能一一标注出处，在此一并对这些资料的作者表示感谢。

　　本书得以顺利出版，还要感谢人民美术出版社学术出版中心的教富斌主任和胡姣编辑，感谢他们鼓励并推动我将研究整理成稿。

　　研究之路是一条艰辛且永无止境的道路，我常常自勉"要坚定信念、戒骄戒躁，把研究做扎实"。由于本人水平有限，本书不可避免地存在错误或不当之处，敬请广大读者批评指正，不吝赐教！

袁燕

2023年10月9日写于福州大学厦门工艺美术学院